建筑之旅：漫步日本

库马猫 著

Architectural
Tour in Japan

江苏凤凰科学技术出版社

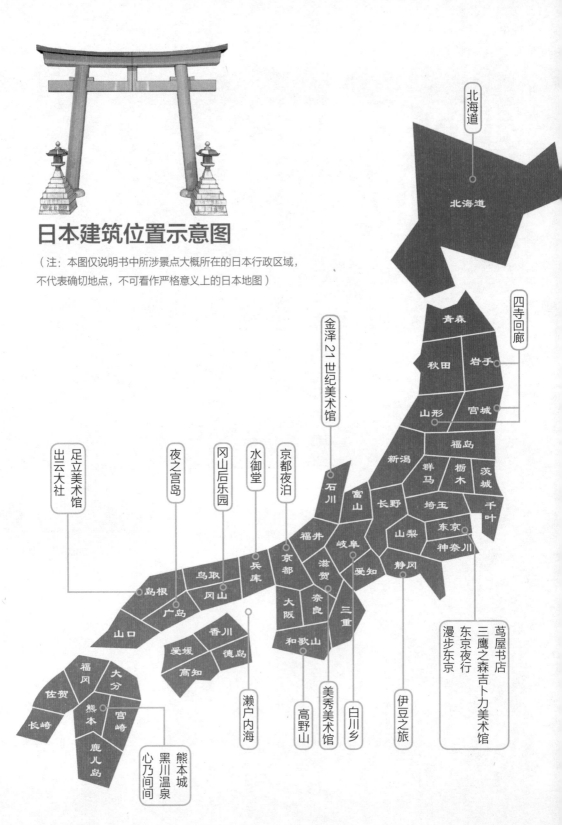

日本建筑位置示意图

（注：本图仅说明书中所涉景点大概所在的日本行政区域，不代表确切地点，不可看作严格意义上的日本地图）

北海道

北海道

四寺回廊

青森

秋田　岩手

山形　宫城

福岛

新潟

金泽21世纪美术馆

石川　富山　长野　群马　栃木　茨城

福井　岐阜　山梨　埼玉　千叶

京都　滋贺　爱知　东京　神奈川

奈良　静冈

大阪

兵库

鸟取

冈山

广岛

三重　和歌山

水御堂

京都夜泊

夜之宫岛

冈山后乐园

足立美术馆
出云大社

岛根

山口

香川

爱媛　德岛

高知

福冈

佐贺　大分

长崎　熊本　宫崎

鹿儿岛

心乃间间
黑川温泉
熊本城

瀬户内海

高野山

美秀美术馆

白川乡

伊豆之旅

漫步东京
东京夜行
三鹰之森吉卜力美术馆
茑屋书店

目录

1

现代
建筑

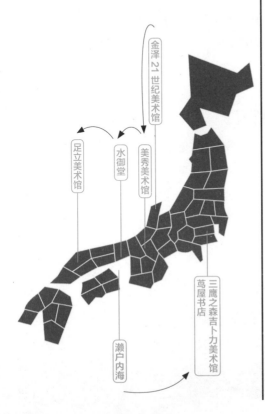

金泽21世纪美术馆

水御堂

美秀美术馆

足立美术馆

三鹰之森吉卜力美术馆

茑屋书店

濑户内海

●金泽21世纪美术馆位于日本石川县金泽市，外观扁圆，采用360°玻璃幕墙，在室内即可欣赏到室外风景。此建筑设计获得了2004年威尼斯建筑双年展金狮奖和2010年普利兹克奖。

●美秀美术馆位于日本滋贺县甲贺市，创办人为小山美秀子，由著名华人建筑师贝聿铭联同日本纪萌馆设计室设计。

●水御堂位于日本兵库县南部淡路岛，由日本著名建筑师安藤忠雄设计。建筑以清水混凝土为主要材料，佛堂内景是其最大亮点。

●足立美术馆位于日本岛根县安来市，有枯山水庭、白砂青松庭、苔庭、池庭、寿立庵之庭、龟鹤之滝等6组主题，被誉为"日本最美的庭园"。

●濑户内海位于日本本州、四国之间，海域内很多小岛上建有美术馆，每三年举办一次艺术节，让游客在这里感受艺术的魅力。

●三鹰之森吉卜力美术馆位于日本东京卫星城三鹰，由日本动画大师宫崎骏亲自设计，著名景点有龙猫巴士屋和曼马由特商店等。

●代官山茑屋书店位于日本东京代官山，由3座建筑组成，以天桥相连而成为一个整体，此外还设有星巴克咖啡馆，是一个复合式的文化生活空间。

金泽 21 世纪美术馆 / 建筑迷的建筑观光

在靠近日本海的北陆石川县，有一座神奇的城市金泽。随着北陆新干线的开通，自京都搭乘 JR 雷鸟线，只需 2 小时 10 分钟便可轻易逃离滚滚人流，到达这个风景、人文与美食都毫不逊色的"秘密花园"。对于很多朋友所纠结的问题"如何在旺季游日本"，我的答案是"快来金泽开启新世界的大门"。

这个从 20 层建筑顶层俯瞰便可一览全貌，被三四条公交线路环绕的亲民小城，让闯入者如我很容易感受到一种动人的温柔。那些唯美而清寂的街道，适时热闹一下的市场，街角冒着热气的小丸子摊与古朴神社，是步行爱好者的理想地。

而美术馆则是我再熟悉不过的。世界上因为一座美术馆而被拯救的典型城市案例是西班牙的毕尔巴鄂：古根海姆博物馆为这座转型中的旧港口城市带来了无限生机。连那些绮丽大都会如纽约、巴黎，也都为拥有一座动人的美术馆而骄傲。而古都金泽，虽然有着享誉日本的历史名园兼六园，但是真正的世界著名建筑却是普利兹克奖获得者妹岛和世与西泽立卫的经典作品——21 世纪美术馆。

与姿态高昂的古根海姆博物馆不同的是，21 世纪美术馆采取的是伏于大地的低

调身姿，"希望能成为任何人都能随时造访，可为人们提供各种邂逅和体验机会的公园一样的场所"。这是一座没有正、背立面之分，没有主、次入口之分的圆形玻璃幕墙建筑，在现代性的外表下颇具"不二"禅意。

事实上美术馆的得名有着这样的由来："金泽 21 世纪美术馆，将 20 世纪的 3M 主张（也就是人类至上、金钱至上与物质主义；Man，Money，Materialism）转化成 21 世纪的 3C 主张（也就是知觉、团体智慧与共存；Consciousness，Collective Intelligence，Coexistence），这 3C 就是此美术馆的成立宗旨和展览方向。基于这样的理念，此美术馆是免费入场的。"

美术馆有地面两层空间和部分地下一层。二层便是自圆形顶部升起的立方体，为使均质的形态不显单调而设。从首层功能上来看，交流区与展览区各占据了一半区域，而辅助功能房间也很好地隐匿在流动的平面中。虽然并不如宣传中那样完全免费，但是美术馆中收费的部分只占据了展览区不到一半的面积，算是名副其实的市民游乐场。

玻璃立面外沿的一圈草地上，散布着来自不同艺术家的室外展陈装置，这里也是儿童的游乐场。大草坪与内部的公共空间互为风景，常常有坐在窗边对着外面发呆的人。

既然深受小朋友的喜爱，21 世纪美术馆便责无旁贷地承担起社会教育的职责。这里有专门的托儿所与儿童创作空间，定期举办活动。

方形展室与弧形幕墙之间的空间被很好地利用为公共休息区、装置展览区与餐厅。那些看俯瞰图以为会冲撞圆形的方角，在实际体验中并没有不适的感觉。相反，正是这些容纳了支撑结构

的方形框架，解放了开放空间里柱子的支撑作用，使其可以纤细至 120 毫米，这也达成了建筑师试图消解界面而凸显空间的主旨。

与明亮而灵动的幕墙一带空间相互补的，是纵深方向上理性而简洁的走廊空间。

彼时的售票展览区是关于日本"3·11"大地震之后的建筑实践特展，展品详尽丰富，自不同角度阐述了全日本建筑师对于日本东北三县重建的关切。

由于展览区不许摄影，所以只拍到一些公共区域的临时展品。关于狗狗家具的设计，其中有日本知名建筑师们的作品，同时也在网络上向所有用户开放征集创意。

当然，最著名也最受欢迎的永久展品，是由阿根廷艺术家莱安德罗·埃利希（Leandro Erlich）于 2004 年设计的游泳池（The Swimming Pool）。

往往一个很简单的构想会创造出具有强大力量的作品，这个游泳池便是如此。从游泳池外部参观是免费的，也因此形成美术馆内部人气最高的室外庭院。参观者，尤其是儿童，对与池底互看这个行为乐此不疲。即便知道了其中玄机，也禁不住多瞧上几眼。

如果想下到游泳池底部，需要从售票展览区域的 6 号展室进入。同时为了保证体验效果，会采取一定的流量限制。上层的水影投射进蓝色池底，随阳光的变幻或清澈或斑驳。如何在水底留影，是最显示创意的时刻。

如游泳池般的永久展陈在美术馆中还有很多，然而有些不允许拍照，只能用文字描述一下。比如有一处展品镶嵌在洗手间中，名叫"You Renew You"（你更新你），介绍词为"在洗手间设立的祭坛上，以影像颂扬了人体血液循环、眼泪及排泄机能等净化系统"。

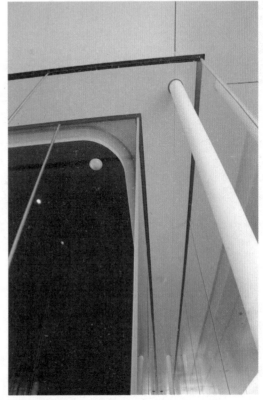

此外，美术馆中我最爱的一部分是沟通一层与地下一层的无障碍电梯。此电梯完全脱离电梯井的概念，由液压支撑柱将整个玻璃电梯盒子托举送达上层，几个小朋友在电梯里乐此不疲地上上下下。看到建筑的一个细节会给人带来如此多的欢乐，还是有些感动的。

关于如此经典的建筑作品已有太多专业分析，此处就不一一赘述了。除了白色材料维护难度高，在个别角落有些发黑以外，个人感觉实在没有其他瑕疵可供吐槽。相信无论建筑爱好者还是普通观光客，在这里都会切身感受到美好建筑带来的人文关怀的光芒。

美秀美术馆 / 桃源何处贝聿铭

一个晴朗的周末，琵琶湖开阔而平静的水面上，颜色鲜丽的皮划艇一艘艘轻盈地划过。两岸疏朗的房屋，让视线可以更多地感受到蓝天的高远，也让坐在湖畔汽车中的人能在画面中惬意地穿梭而过，不带走一丝波澜。

我不知道 31 年前贝聿铭来到日本，是否也在同样的琵琶湖沿岸感受过这样的阳光气息，而后调转车头，奔向滋贺县群山中那片未知的领域。彼时 71 岁的他，已在华盛顿与巴黎囊获了无数赞誉，却在卸任 PCF 事务所重担后，以自我的名义，开始了人生中新的探索。

美秀美术馆便是机缘于此的一个意外而坚实的作品。

如今贝聿铭已然逝世，他的人生沉淀了太多值得大书特书的回忆与喜悦。然而此时来到美秀美术馆的我，仍无法感知当年的他，在拜别故土大半生之际，来到同样给养于中国传统文化的日本，忽而闪现出了怎样的冲动与渴望。美秀美术馆本身是一份答卷，它清晰地表达了贝聿铭自设计之初便坚持的理念——"桃花源"。

游人至此体验的、看似偶得天成的部分，都是建筑师缘溪而行，突破重重险阻欲穷其林，才最终窥到的灵魂。而"桃花源"这个飘摇于中国人内心一千六百年的文化母题，也终以动人的建筑形式得以解读。它低调地藏在信乐町的群山之中，仿佛若有光。

由于山林保护的限制，美秀美术馆有 3/4 的展览面积埋藏在地下，分南北两翼舒展放置，展厅通过小而别致的几何形状天窗采光。而建筑另外 1/4 可以抬离地面的部分，恰恰是《桃花源记》中武陵人一路前往桃花源时寻寻觅觅的路径所在。

陶渊明在《桃花源记》中描述的场景，如水墨画中的深山仙境。

中国的山水画与造园术非常强调看与被看、移步异景的情境营造，日本的庭园与寺庙也因袭这样的布局习惯与观赏状态。而这种东方式的既有框景强调，又有留白写意的古典审美意识，在贝聿铭的美秀美术馆中，只是被更现代化的材料语言与更抽象的几何图形所承载，并贯彻得十分坚决。

"缘溪行，忘路之远近"——游人自琵琶湖畔抵达美秀美术馆要经过 50 分钟的车程，如果从京都来则更远。车行山中，只见树林，无村落人烟，目的地唯有孤独的美术馆。而所有车辆落客的地点，仅仅是山谷之外半月形的接待入口，在这里完成购票后，才在建筑语言的引导之下开始真正的抛离尘世的体验。

"忽逢桃花林，夹岸数百步，中无杂树，芳草鲜美，落英缤纷"——走出入口处的前广场，山道两侧是扑面而来的樱花林。四月末，樱花尽在离枝时分，山风吹过，可见残樱飞瓣，却可想象花满枝头时的情境——引人"复前行，欲穷其林"。

樱林尽头，是穿山隧道的入口。"山有小口，仿佛若有光"——隧道由带有光泽的金属材质包裹，随着周遭景物反射而变换色彩。"初极狭，才通人"，目光随着弧形的隧道慢慢转弯，隧道的出口才一点点显现。

"复行数十步，豁然开朗"——隧道出口正对的是伫立于台阶上的美术馆正门，建筑师用几何形状塑造出了古典的入母屋样式屋顶（即歇山顶）。若干年后，在更为中国人所熟知的苏州博物馆中，贝聿铭又用同样的逻辑与几何手法抽象出了苏州园林的筋骨。

走出穿山隧道，已令人有时空相隔之感，此时再回望，惊觉洞口竟搭在一座结构异常富有张力的拉索吊桥上。自然美感与工业美感并立于此，比古典文学更具真

实的力度。能为这世上开辟一片桃花源的，不仅仅是诗人的美学想象，更有天才建筑师的理性与创造力。

这座结合悬挑、拉索和后张法于一体的吊桥，获得了 2002 年国际桥梁及结构工程协会颁发的优秀构造大奖。因山谷交通不可达而带来的设计困境，最终启迪建筑师还原了《桃花源记》中山有小口、舍船而入并豁然开朗的解决方案。

美秀美术馆的馆藏藏品来源于日本神慈秀明会的会主小山美秀子女士，藏品遍及丝绸之路的各

大文明，数量之多、质量之精美，如非亲自到访，是很难想象的。

因为展品繁多，展厅分为南北两个翼楼，使得美术馆有着非常舒展的公共空间，与廊道相连，动线也简明而富有节奏。

美术馆内部色调温暖而明亮，墙面、地面大量铺装的马格尼·多尔（Magny Dore）石灰石与卢浮宫项目选用的材料相同——即便在退休后对设计的意义有了新的洞见，贝聿铭偏爱的建筑肌理依然延续着。同样标志性的贝式特征还有建筑内部极为精准的模数运用，无论在哪一个复杂的楼梯转角细心检查，都能看到地砖、踏步、扶手、墙砖之间各个空间折面严格对齐的模数与拼缝。甚至有一种整座建筑就是这样从一块砖开始慢慢拼接，由内而外生长起来的错觉。

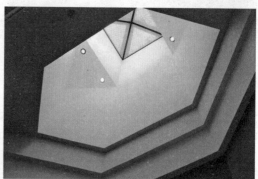

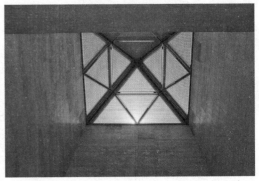

公共部分的屋顶是由三角形玻璃与钢龙骨构筑的犹如起伏山峦般的结构，模仿着传统的瓦片和木格栅。屋顶与色泽舒缓的地面相对比，形成了错落丰富的视觉焦点，但因为逻辑清晰，丝毫感受不到炫技与堆砌。走在这样的建筑里，会有一种久违的理性与细腻带来的舒适感，常令人忘记其距离建设完成已有 20 年之久。这不只得益于精细的养护，更有赖于设计本身经得起时代审美变迁的考验。

虽然建筑展馆大多埋在地下，公共空间的部分却有着从密林深处眺望山谷的单侧落地窗视野。如果视角再高一些，则可看到左手方向的群山之中隐约有一座上大下小的白色钟塔，与栖伏的美术馆遥相对望。事实上这座名为"天使之乐"的钟楼才是贝聿铭在日本的第一个项目，亦是美秀美术馆的起源。

神慈秀明会组织的领导者小山美秀子女士，同时也是非常富有的东洋纺织公司的继承人。因为组织要在神田美苑修建一座钟楼而寻求"世界上最优秀建筑师"的她，找到了刚刚退休的贝聿铭。即便面临历史与信仰之间的复杂鸿沟，贝聿铭依然用自己的智慧很快为这个项目找到了解决方案——他塑造了一个来源于日本乐器三味弦的拨子的钟楼形象。这座略带神秘感的小项目，之后很少再被提及，却为贝聿铭赢得了建造美秀美术馆的信任与契机。

令人感动的是，在这次美术馆的设计中，贝聿铭大胆选用"桃花源"作为概念，征服了有理想国信仰并着迷于中国古典文学的业主美秀子，更在实现这座建筑时抛掉了教会钟楼的神秘感与束缚感，用极其工整有力的现代建筑语言，缘溪而行，历时九年，营建了全然脱胎于东方情怀的无瑕的"桃花源"。

在贝聿铭获得美秀美术馆项目的同年，另一位华人艺术家创作的舞台剧《暗恋桃花源》走出了中国的台湾岛，开始了在中国香港及美国的巡回演出。30 年后的今天，这部优秀的话剧几经改版依然活跃于舞台，成为一代又一代华人心中的烙印。

在这部"悲"与"喜"交织合一的戏剧表达中，"悲"讲述着深深影响中国近代历史的台湾与大陆的离散，而"喜"的故事则以《桃花源记》文本为背景进行虚构的演绎。

他的创作者赖声川成长在中国台湾，有着与贝聿铭相同的远离大陆文化母体、在美

国长期求学与生活的经历。当漂流海外的他们凝视中国故土，探索艺术灵感时，竟双双默契地采用了"桃花源"作为意象。巧合之余打动内心的，是潜意识中胎儿找寻母体、旅人找寻归所的情结，进而开启了创作的探险之旅。

退休后打算尝试一些"不一样"的贝聿铭，在经历美秀美术馆的洗礼之后，又再次执笔出发，开拓更多疆域，继续自己对不同文化语境下的建筑表达的思考。他在"桃花源"中所收获所放下的，或许不足为外人道也，只待有心人从新的作品里搜寻踪迹。

创作《暗恋桃花源》与美秀美术馆的时代，文艺蓬勃，大师辈出。他们敢于面对内心真正的不安，也敢于追逐心中的理想国。那些具有大灵魂的作品，穿越时空依旧动人。

离开美秀美术馆的时候，人们重新跨过吊桥，回到长长的时空隧道。

我看到来时的樱花依稀在尽头召唤，将隧道映成了回忆中的粉红色。

水御堂 / 安藤的埋藏与发现

南北朝末期，北周武帝灭佛，大量佛典被毁，北地佛教几乎绝迹。

隋大业年间（605—618），幽州僧人静琬许下一个愿望：穷自己一生之力来防止佛教断绝。他的办法很笨，却很有效——用《三体》里的话说就是："把字刻在石头上。"

据记载，静琬于今北京房山一带开凿山洞，把佛经刻在洞穴内壁上，每刻满一个洞，就用巨石堵住洞口，再用铁水封死空隙。静琬一共凿了七个洞，而他的弟子继承他这一事业，累经五代才停止。

这一看似愚笨的方法，却真的实现了静琬的愿望：1956年，人们重开这些石洞，发现了里面保留的大部分石刻佛经，其中有许多被学界认为早已失传。这些石洞，就是著名的"房山石经"。

事实上，在人类的集体记忆里，洞穴有着相对固定的含义：不管是上古遗迹、房山石经，还是金庸小说里刻在思过崖上的剑法，其实都在讲述"埋藏与发现"的故事。更直白的例子来自周星驰的《西游降魔篇》：莲池下的一个隐秘洞穴，封印了500年前的妖魔之王。

20世纪90年代初，日本建筑大师安藤忠雄也设计过一座小建筑，有着和周星驰洞穴幻想接近的构思，那就是淡路岛上的本福寺水御堂。

2016年，我环绕濑户内海旅行，专程去参观了水御堂。

到淡路岛的路程颇费周折：先乘山阳电车至舞子公园，上高速桥，再换乘巴士过海，下车后还需步行一段长长的乡田小路才能觅得踪迹。大部分来这里的游客的目的地是安藤另一名作——淡路岛梦舞台，而与之相距只有 10 分钟车程的水御堂则备受冷落。

水御堂隐在寺庙本殿后面。攀着缓坡行过寺庙几十步，一道平整的灰白色混凝土墙体如同舞台大幕，随着正剧开场缓缓升起。

清水混凝土墙是安藤作品的灵魂。第一次亲眼见他的作品是在圣路易斯博物馆，现在我还能回忆起当时炎热的天气下，那些泛着水光的石块带来的指尖发凉的感觉。这次再见这些安藤签名

一般的巨墙，双手又不自觉地扶贴上去，高逾 5 米的墙体在漫射的阳光下泛着温润光泽，仿佛久别的故人。

直墙的背后是另一道弧墙，两墙区分的是所谓"圣"与"俗"的境界。踩着白色石灰岩铺就的地面绕过弧墙，眼前是一座椭圆形的莲花水池，秋日莲花已落，唯余清池，水御堂就藏在这莲池之下。

两面石墙在莲花水池中分出一道窄窄的切口，中间有石阶通向水下深处。沿着台阶，越走光线越暗，行到尽头一个转身，室外景物终于隔绝，眼前泛起一片如梦如幻的红光，便身处莲花池底的佛堂了。

佛堂也是圆形格局，绕着圆形外圈通道走到远端才是入口。通道两侧素净的混凝土墙体和正红色格栅明暗变幻，把极短的路径映射得神秘异常。转进门来，圆形空间一切为二，前方是佛土，此处是人间。

本福寺属于真言宗，是密宗的一支，供奉药师如来像。与禅宗寺院不同，密宗寺庙爱用高明度的颜色做装饰。水御佛堂里，色调强烈的金色装饰和血红色格栅的叠加，与混凝土营造出来的至简和冷静产生强烈对比，更增强了场所的仪式感。然而佛堂空间狭小，供奉与朝拜空间一览无余，对比这一路的曲折似乎显得过于简单了。我静静地凝望佛像，希望有所发现。眼见佛像背后红光隐现，忽然惊觉：原来这就是"胎藏界"。

密宗认为大日如来隐于一切有情众生，只要修行者能彻底发觉自身所具有的佛性，便可以证悟成佛。这一观念被真言宗比喻为"胎藏界"，意思是佛性藏于每个人的身上，就像胎儿藏于母亲的子宫中。对此，安藤用建筑的语言又做了第二层的隐喻。

水御堂上椭圆的莲花水池，正是子宫的形状；进入椭圆深处后的满眼红光，恐怕就是胎儿在母体中所见的意象；而那象征觉悟与真理的佛像便藏在这母体之中。和房山石经一样，安藤所造的水御堂也是个洞穴，讲述的也是"埋藏与发现"的故事：我们身上的佛性与生俱来，是亿万年中无数个前世里埋下的宝藏，而慢慢步入水御堂的经历，正是我们再度进入母体，发现自己，重启这体内宝藏的过程——也就是修行和成佛的过程。

想到此处，整个水御堂都仿佛明亮了起来。

我在佛像前恭敬行礼，然后离开了水御堂。

就像房山石经是为未来而镌刻，水御堂也是为未来而埋藏的吧。这水下佛堂的方案自成稿之后便不断遭到批评，但不少批评者恐怕没有理解那片执着的莲池下所蛰伏的、渴望传之千古的信念。行笔至此，化用已故日本棋圣藤泽秀行形容武宫正树的一句话，来为本节结尾："一百年后，许多建筑师的作品都会被忘却，但安藤的会流传下来。"

足立美术馆 / 枯山水庭园的王者荣耀

在颠簸的车上想，一座隐世的美术馆便是我来到岛根县的全部理由。

电影《楚门的世界》结尾，主人公登船出海，终于触碰到"世界边缘"，才知道自己一直生活在摄影棚里。身处足立美术馆中，便如沉浸在又一个"楚门的世界"——与传统的东方园林参观感受略有不同，足立美术馆的建筑更像是巨大幕景中的人工岛。游人站在窗后看去，白砂青松，还有远处的飞瀑，一直连绵到远方的空间尽头。

这座始建于 1970 年的私人美术馆，在美国杂志《日本园艺杂志》的庭园评选中，连续十几年蝉联日本第一。评比同时肯定了美术馆对于庭园精心维护与修饰的匠心。随着观者周游的脚步，双眼透过视角各异的窗框看去，庭园如一幅幅悬挂的卷轴。无论四季变换或阴晴风雨，入眼的画面只有一瞬，已让人流连忘返。

足立美术馆的庭园共有 6 组主题，约 5 万平方米之阔。

入口处简约低调，开篇第一园是最具东方情怀的苔庭——枝干瘦削内倾的赤松植于写意的苔岸之上，当中大片留白的砂石如池水一般。断断续续的石板蜿蜒成路，将松弛的园景串联收束成一体。点睛之笔是池中一隅的苔之岛，如墨洒一点，有力而短促。

苔庭三面环廊，即将走到尾声时可见美术馆创始人足立全康的雕像立于道旁，一侧有"庭园日本一"的碑刻。石碑上标注蝉联年份的字样颜色很新，这个数字自2003年起，不断地刷新纪录。这位已故的创始人此时则意气风发，右臂高抬，顺着手指的方向，便是足立美术馆面积最大、水准最高的枯山水庭园。

与京都天龙寺咫尺间写意天地的枯山水景致略有不同，足立美术馆的枯山水庭开阔而丰盈，如长卷一般，又借景天地，能令所有观者久久驻足。近景的绿植与苔岸圆润饱满，中景的黑松洋洋洒洒，连绵直至远景的京罗木山与胜山，时而薄雾蒙蒙。人工的巧思与自然鬼斧统纳入画境之中，难以区隔。这座庭园被玻璃窗隔绝在室外，一尘不染，却隐约看到林中点缀着茶室，仿佛有人间踪迹。

开馆8周年之时，在枯山水庭身后又添一园，名为"龟鹤之滝"，是悬挂在山景上的一条细细窄窄的瀑布。夏秋之交红松茂盛，掩映得几不可见。但瀑布这一意象所营造的，不仅仅是构图上的层次高远，更带来听觉上的美妙，让静态的庭园有了呼吸吐纳的余地。

观枯山水庭的绝好位置，是吃茶室"翠"。在日本，茶与庭的搭配永远是最经典的。面积不大的足立美术馆中共有4所独立的吃茶室，分别对向四处庭园之景。枯山水庭之外仍有寿立庵之庭、池庭与白砂青松庭，而这几处庭园并没有玻璃窗隔离，能与自然为邻。

池庭中，景深虽浅，却有红白锦鲤与泊岸的多枝松相映成趣，别有一番雅致。

白砂青松庭与枯山水庭既空间相连，又独立成章。依旧是以岛根县群山为幕，而中景处砂如丘陵，上立黑松点点。近景有水，以佐治石勾勒岸线，褪去了枯山水庭的圆润感，更添野趣。小小的雪见灯笼与春日灯笼静静隐匿在近景与中景之间，可以想象萧瑟季节时幽幽点亮的一抹旖旎。据说此园景是足立全康根据横山大观名作《白砂青松》而精心打造的。

虽以庭园独步日本，足立美术馆的馆藏品质亦是十分精美，远超期待。入口处走廊一侧的莳绘展品已美得动人心魄，漆艺曼妙而色泽隽雅，差点令人连庭园也忘掉了。

而以近现代日本画为主要展品的馆藏中，更是囊括了竹内栖凤、桥本关雪、榊原紫峰等一系列名家作品。当然，被称为镇馆之宝的则是馆中收藏的多达 130 幅的横山大观真迹。

横山大观，明治时期（1868—1912）生人，以 90 岁高寿跨越了日本美术史一个又一个重要时期，是日本近代美术史上举足轻重的画匠。早年追随冈仓天心推行新日本画运动，而后投身复兴日本美术院，1937 年获得首届日本文化勋章。

虽然横山早年因大胆尝试用色彩的面取代传统的线，以离经叛道的"朦胧体"为世人所知，但当在此观摩过其艺术生涯的完整篇章后，会觉得某种特定风格并不是横山的追求与烙印，他的身上没有那些东西方文化碰撞期彷徨寻路的刻意拘谨，而是充盈了一种氤氲着豁达与睿智的浪漫情怀。他的画更像一个真实的人，时而放松浪漫，时而激情挥洒，而闪烁其中的"性格"是比"风格"更动人的部分。

自 1970 年起，无数人来到这座私人美术馆，看到故人纸笔，也看到如画庭园。

离开之后，仍会在长久之间让人不断回眸，仿佛有另一个自己还留在当时，是《楚门的世界》里迟迟不愿揭开幕布下台的人。

濑户内海 / 小岛上的艺术节

濑户内海，在日语中是狭窄的海峡之意。虽然狭窄，却有着各种大大小小的独具日本特色的建筑遗址。

说来有趣，濑户内海诸岛的兴起正是缘由它们的衰落：传统产业的荒废、年轻人口的外迁造成了衰落的空洞，而艺术与建筑因此进驻实现了填补与复兴。通过兴建美术馆，将艺术植入普通民宅，这些岛屿便拥有了新的吸引力与生存价值。在此地举办的三年一度的濑户内海艺术节，对岛屿建设产生了促进与集中展示的作用，同时也加强了岛与岛之间互相带动、共栖共荣的力量。

按区域划分，东部是重点：

1. 宇野港附近：内容最丰富、最著名的非直岛莫属；而直岛隔壁另一处个人认为不可错过的岛屿是丰岛。这两个岛是濑户内海艺术参观的核心，非艺术节期间也有足够的展品值得前往，参观各需一天时间。与两者毗邻的还有犬岛，在艺术节期间展品也很丰富，但由于渡轮班次少，造访犬岛也要花掉一整天时间。

2. 高松港附近：包括男木岛、女木岛与大岛。这三个岛无法住宿，不过从高松前往，交通还算方便，在艺术节期间或特定节日造访更佳。

3. 小豆岛：虽然名字叫"小豆"，事实上作为濑户内海的第二大岛，小豆岛是最不依赖艺术节资源的成熟旅游目的地。酒店、民宿等设施完备，农业产业、休闲观光、日剧巡礼是这里的主要卖点，而与艺术节相关性则较弱。小豆岛的常规行程需要两天，如果有幸赶上小豆岛特有的祭典活动会更有趣，但这是可遇而不可求的。

其余的西部沙弥岛、本岛、高见岛、粟岛、伊吹岛，位置更偏僻，展品也更分散。恕个人时间精力有限，又没踩在艺术节的档期，未列入行程计划，在此拱手致歉。

那么，濑户内海的看点是什么呢？

虽然也有不错的天然景观，濑户内海诸岛的最特别之处却绝对是人文与艺术。可以在短时间小范围内高密度地欣赏到大师作品，是令人心潮澎湃的体验。譬如，面积仅 7.8 平方千米的直岛上有 5 座安藤忠雄的作品，在日本绝无仅有。虽然在出行前也曾担心过，这样的密度是否会有人造主题公园般的造作感，回头想想是自己太小看大师们的诚意了。

登岛的过程让人颇为兴奋：自踏上渡轮开始，便参与到与世隔绝般的艺术巡礼中来了。

在这里特别推荐安藤忠雄的地中美术馆、西泽立卫与内藤礼的丰岛美术馆，这两座在建筑圈算得上知名的作品，真的做到了超越效果图，有着唯实地体验才能被击中的生命力。

馆如其名，地中美术馆建筑大部分埋于"地中"，四面用水泥砌成，仿若天井，这样的构造是为了利用自然光营造光影效果。地中美术馆的展厅很大，楼梯上有一个黑色大理石球体，是美国艺术家沃尔特·德·玛利亚（Walter de Maria）的作品。

丰岛美术馆是比纯粹更纯粹，一定要亲身体验的空间。馆高 4.5 米，却没有任何支撑的梁柱，而是一个曲线一体的空间。身在此处，满眼白色，除了仅有的一件馆藏艺术品，更吸引人的便是那个"天窗"，可以看外面的世界。

三个著名的雕塑——草间弥生的红南瓜、黄南瓜，以及藤本壮介的直岛亭（Naoshima Pavilion），也赋予了直岛名片般的"打卡目的地"称号。

两个南瓜是草间弥生的代表作，几乎成了直岛的符号。黄南瓜小而精，上面分布着有规律的黑色波点；红南瓜上的圆点则分布不规则，远远看上去像一只红色的瓢虫，还可以钻进去。

直岛亭与其说是雕塑作品，不如说是一个小型的公共空间，内部没有柱子支撑，由大约 250 块白色网状金属板连接而成，高 7 米左右。由内由外看都有不同的景致，像极了一颗形状不规则的半透明钻石，入夜后，在灯光的映衬下更显晶莹剔透。

此外，李禹焕美术馆、贝尼斯之家酒店（Benesse House），以及横尾忠则的丰岛横尾馆、三分一博志的直岛大厅等也是个人心头之爱。当然，还有本节未能详细介绍的安藤博物馆（Ando Museum）、妹岛和世的海之驿码头也非常精彩。

李禹焕美术馆，内部非常小，但是空间与展陈的意境极美，在此不但可以领略李禹焕的"物派主张"（认为现代艺术不应是永无休止地往自然界添加人为制作物的工具，而应是引导人们感知世界真实面貌的媒介），还可以领略清水混凝土诗人安藤的建筑理念。

贝尼斯之家酒店虽名为酒店，实际是直岛当代美术馆。它的空间充分展现了经典的安藤式布局，与景观完美结合。这里的客房分为美术馆（Museum）、椭圆（Oval）、公园（Park）、海滨（Beach）四个主题区，其中椭圆区被公认为"今生绝对要住一次"的空间。在贝尼斯之家酒店可以观赏濑户内海的景观，当然还有很多随处可见的展品。

丰岛横尾馆是由老屋改建而成的，分为正屋、仓库和储藏屋三部分。其墙面是黑色的木头，搭配红色透明的玻璃，视觉效果十分强烈。据说这种红与黑的对比是为了表达"生与死"的哲学话题。如果单从建筑来看，丰岛横尾馆无疑是美的，用一句话来概括，便是在和式房间里看红色的山水流泻。

三分一博志的直岛大厅，比南寺更像一个"寺"。它的屋顶材料取自扁柏，是这个建筑最大的特点，在很远处就可以看到，因为它十分醒目。据说三分一博志自己曾经写道："此建筑由两种不同的屋顶组成，都是用日本扁柏制造，而这个作品的主题则是将直岛的原材料传承给下一代。"

总的来说，艺术节期间会开放更多的小展陈，因为地点分散、维护困难，所以非艺术节时它们会关闭，而大的博物馆、常设室外雕塑则不受影响，除了定休时间以外长期开放。同时由于艺术节需求，会增添更多渡轮航线和公交线路，弥补濑户内海原有的交通频次低的问题。并且艺术节的通票对参观者来说会更划算一点。

但艺术节存在的问题是，因岛内的吃住行设施有限，届时会很难订房、租车，同时人流量加大难免影响参观效果。很多人不得不选择住在宇野港或高松，每天坐船往返，时间成本更高。

因为跨岛交通不够发达，加上展览大多在下午五点甚至四点半就关闭，最好不要安排一天参观完两个岛的计划，执行度极低，但每个岛留一天的参观时间也足矣。虽然展览看起来点很多很分散，其实每个都非常小，有的小项目只需要参观 5 ~ 10 分钟便能参观完，参观时间最久的地中美术馆留一个半小时也足够了。岛上除了参观几乎没有夜生活的存在，还是比较荒凉的。

计划路线的时候最重要的是看好船的班次表，如果是非艺术节期间，不是所有岛之间都可以通航，即便通航，班次也极少。所以效率和时间要放在第一位考虑，另外提前规划好跳岛路线也十分重要。值得一提的是，艺术节期间加开了很多接驳船，方便了很多，不能不说是艺术节的一大重要利好。同时要注意一下每个岛上设施的休馆时间，直岛大多是周一休馆，丰岛则是周二，男木岛、女木岛是周末，要提前错开，免遭闭门羹。除了住在高松与冈山以外，岛上住宿的难度等级是小豆岛低于直岛，直岛低于丰岛。

关于吃的事情，午餐一般可以尝试在各大美术馆的咖啡厅解决。在直岛上首推地中美术馆的咖啡厅，视角绝佳，简餐味道也很好。

在丰岛除了丰岛美术馆的咖啡厅，只有走到家浦港附近才有几家店。至少我是在以为会很繁华的唐柜港一带寻觅了一中午无果（地图上有的餐馆不一定开门），最终在一家很简陋的粮油店才吃到了仅有的章鱼小丸子充饥。

岛内交通不便是直岛、丰岛、小豆岛的通病。虽然路线很清晰，但公交线路班次非常少。

由于直岛上最重要的 3 个安藤美术馆的位置比较接近，所以可以选择步行，也可以乘坐免费接驳车（时间表可查，大约半小时一班）。其余的艺术之家项目与安藤博物馆集中在本村港，直岛钱汤、红南瓜、海之驿码头集中在宫浦港，计算好时间的话，在直岛坐公车加步行亲测一天可以完成参观。

直岛和丰岛都可以租电动自行车。在丰岛骑车的当日下着雨，骑行至丰岛美术馆所在的壮阔海岸时，精神为之一振。但回程中一度雨势加大，噼里啪啦打在眼镜上，略感狼狈。匆忙跑进丰岛横尾馆，工作人员贴心地递上一条毛巾擦拭，不得不说还是很温暖的。其实一路上早已感受到濑户内海几处展陈的设施、维护、引导非常专业，只是在此又添一笔惊喜罢了。

三鹰之森吉卜力美术馆 / 宫崎骏的动画世界

三鹰之森吉卜力美术馆是动画大师宫崎骏亲自设计的，位于东京西郊，周围是一片森林，绿色的屋顶使其融在绿荫之中，仿佛童话里神秘的森林小屋。不过里面住着的不是巫师，而是宫崎骏的动画世界。

前往三鹰之森吉卜力美术馆的路线有两条，一是乘 JR 中央线到三鹰站转乘接驳大巴，二是从新宿搭乘中央本线到吉祥寺站再步行。

来到三鹰之森吉卜力美术馆，首先看到的是外场，包括院子与屋顶。事实上，经过岁月的洗礼，美术馆不只屋顶是绿色的，建筑本身也爬满了植物，远看上去，已经大片都是绿色的了。这样的绿意让美术馆脱离了现代城市的精致，却增加了一丝神秘感。外场的建筑包括很多大型装置都可以随意拍照，进内场后就不可以了。

进入内场，美术馆一共有 3 层，首先看到的便是木质的螺旋楼梯。向上看，一眼可望到美术馆楼顶，整个空间真的有一种动画世界的既视感。置身其中，仿佛回到了童年时代似曾相识的动画场景中，不禁让人有进一步探索的欲望。

馆内有一些与吉卜力动画有关的展览，大多是能动的装置，内容包括历史介绍、动画制作的发展等，为了辅助介绍，也有一些很有趣的短片展示。比较吸引人的是土星座放映室，每天有固定放映场次，需要凭门票进入。门票并非到三鹰之森吉卜力美术馆之后购买的，而是参观美术馆需要提前在网上预约，从罗森网打印出预约票，再依时间段前往现场兑换门票。门票的外形很像一段动画胶片做成的电影票，每个人都有专属自己的一枚。凭着这张"电影票"便可以进入土星座放映室，观看定时放映的吉卜力特制的短片。三楼可以看到两个龙猫巴士，一个小一个大，大的是由一节车厢改造而成的。

应该说，整座美术馆的很多细节都充满了童话风，偶尔看见的一个砖头上便刻着猫脚印，还有大多数人看到都会拍照的小煤灰窗户。最著名的《天空之城》里的机械兵会有很多人排队合影，人大概和它的腿一样高。

室外展览只是三鹰之森吉卜力美术馆超小的一部分，虽然室内不让照相有点遗憾，但好处是保留了很多惊喜。我不能算是宫崎骏动画迷，只看过他一部分作品，但在这里依然能感受到童话世界带来的美好。

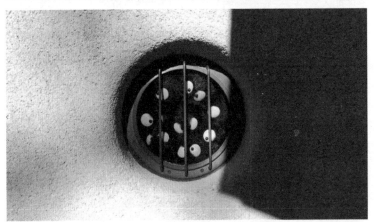

三鹰之森吉卜力美术馆还有一个超级大的纪念品商店，实在可以称得上是一个购买动画周边的"天堂"，和日本随处可见的龙猫共和国商铺比起来要更丰富、更精致。如果需要带旅行手信的话，这里便是不二之选。

茑屋书店 / 黄金屋中自有书

童年时便爱书，彼时是新华书店的天下，货架大多严肃而拘谨，知识有一种让人"望而生畏"的感觉。

北京美术馆东街有一家三联韬奋书店，装修也是老派模样，格局也依然传统，唯一与众不同的是在通向二层的台阶上永远聚坐着埋头读书的人。每每到此，会忍不住加入其中——蹭一个角落坐定，身体并不舒适，但是心里会扬起一分令人流连的归属感。

因为这座经典的大台阶，三联书店化身为文艺地标，被写入那个年代无数人的心底记忆。直到多年之后，我才学会用一个新词来描述这种感受——贩卖生活方式。

后来三联书店为了节约经营成本，不得不将二层整体盘出，于是读书人又转而执拗地挤坐在书店一层通向地下的狭窄楼梯上。可见，这种生活方式是被在乎的。

等到新兴实体书店再度在中国兴起，似乎是好多年后的事了。

来日本旅行，看着日本书店的丰富与精致，常常感到羡慕。日本人热爱读书，在地铁、咖啡馆里处处可见捧着纸质书的人静静阅读。某次碰巧去参观东京的代官山茑屋书店，发现这地方的美好近于爱书者的梦境。佛经讲天龙八部众，其中有一部众为乾闼婆，不喜酒肉，只以香气为食，非常飘逸。而来到代官山的茑屋书店，你会发现这里有一族人是以书籍为食的。

代官山是东京的一处地名。日本把年收入 600 万日元算作中产阶级和富人的分界线，代官山地区的人均年收入基本在 1000 万日元左右，是不折不扣的富人区。茑屋书店的第一家门店就开在代官山。

书店坐落在安静的居民区，背后是一小片停车场，逛到近处还算开阔。书店一共由 3 座建筑构成，每座都只有 3 层高，分别承载不同的主题。建筑之间用连廊贯通，全长 55 米，被称为"杂志大道"，并由此分隔 6 个图书区域。

书店里穿插着很多座位，顶层还有个华美的休息室。不管在书店内部的什么地方，都可以取一册自己喜欢的图书，找个座位坐下来慢慢阅读，享受这种令人神往的生活方式，也难怪书店的主题为"森林中的图书馆"——代官山便是供图书馆栖身的城市森林，而茑屋书店则是让读者自由徜徉在书海中的图书馆。

茑屋书店的建筑设计者是英国的 KDA（Klein Dytham Architecture），日本艺术大师原研哉为书店做视觉设计，池贝知子担任创意总监。整体可说是由外而内的匠心营造。整个建筑表皮都是茑屋书店的 T 形 logo 拼成的，远看像一件纺织品。日本空气质量好，加上悉心维护，白色的表皮虽然孔洞很多，却依然很干净。

旁边的停车场常常能见到豪车，不过更多人是步行或骑自行车来的。天气好的时候，很多年轻人跑来照相，情侣游客妥妥地把这里捧成了文青圣地。室外散落着许多艺术品，连大石头上拴狗的钉子都做得颇有情趣。日本人的细致有时候到了让人腻烦的地步。

书店周围绿植丰富，各种植物搭配得非常自然，荫荫翳翳之间散落着座椅阳伞。逛累了买杯咖啡，和朋友聊几句，看看穿梭而过背着相机的少男少女，心情相当舒畅。

书店里的图书精致繁盛自不待说，陈列也非常讲究。茑屋书店的宗旨不是卖书，而是贩卖生活方式，甚至更加极致——把同类的书归类后，往往还会在旁边配上相关的其他产品。

对一座城市而言，书店其实是最好的公共空间，它提供遮风避雨的安全感，也提供文化独特性所养育出的城市性格与场所记忆。无论是三五好友还是独自一人，只要有书店在，就能触碰到关怀，也能在彼此认可的文艺活动中遇到新的朋友与人生故事。即便是匆匆经过，呼吸熟悉的书店里的空气，也能感受到绵绵的力量。

2 古代建筑

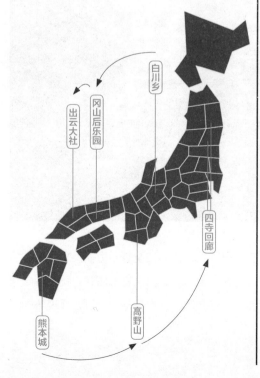

白川乡
冈山后乐园
出云大社
四寺回廊
熊本城
高野山

●白川乡合掌造村落位于日本岐阜县大野郡白川村，1995 年与五个山以"白川乡与五个山的合掌造聚落"之名入选世界文化遗产。

●冈山后乐园位于日本冈山县冈山市，建于 1700 年，与金泽兼六园、水户偕乐园并称为"日本三大名园"。

●出云大社位于日本岛根县出云市，是日本最古老的神社之一，在日本地位颇为崇高。

●熊本城位于日本熊本县熊本市，别名银杏城，被誉为"树与水之都"，与大阪城、名古屋城并称为"日本三大名城"。

●高野山位于日本和歌山县伊都郡高野町，是日本佛教真言宗的本山，山上有 120 多座寺庙，2004 年入选世界文化遗产。

●四寺指宫城县松岛的瑞严寺、山形县山寺的立石寺以及岩手县平泉的中尊寺与毛越寺。2003 年，四寺联合提出了"四寺回廊"的巡礼方案。

白川乡 / 世界文化遗产村的日与夜

在大热日剧《胜者即正义》（Legal High）第二季中，有一集关于世界文化遗产村纷争的剧情：老居民想要维持旧有的生活方式，坚持传统服饰、饮食和语言，然而遭到膜拜全球化与享乐主义年轻一代的巨大冲击，苦心经营的"遗产"恐将面临摘牌的危险。惊惶之下，村民不惜以雇佣律师打官司的强硬手段来镇压这种"叛逆"行为，决心保住"世界文化遗产村"的名誉及伴随而来的好处。

这是一场以巨大"正义"为出发点的斗争。绿色、自然、传统、原生态，是大城市律师最为眷恋的词汇，这场官司仿佛是必胜的。

然而就如这部剧一贯的风格，结局是令人大跌眼镜的反转：表面上安于单调生活的老一代，见识过现代化生活后，其实也有欲望膨胀的里层。剧集所真正讽刺的是忽略建立长久平衡而在眼下自欺欺人的伪装。

看到这里，不禁莞尔于日本人对于遗产保护观念的反思。追求发展与进步是现代人不可逃避的宿命，适度的旅游开发带来的利益与文化遗产的维护投入是相互平衡的。所以在这部剧中并没有鼓吹遗世独立的"桃源"，反而剖析着人类的局限性，期待建立适度、可持续的保护制度。

时值深冬，不由得想到雪乡白川，本节便聊聊住在日本真正的世界文化遗产村是怎样的体验。

白川乡位于岐阜县西北群山之中，以合掌造聚落而闻名，是日本唯一登陆世界文化遗产的村落。因海拔与气候的原因，富山县与岐阜县一带的民家形成了可抵御积雪的覆草屋顶造型，坡度极陡峭。建筑通体为木结构，如同将双手合掌交撑一般。与日本气候温和地域常见的轻盈坡屋顶相比，这种厚重而古拙的合掌屋罕见而极具标识性。单体建筑本身也更为高大，屋顶空间被用来养蚕和劳作，既满足采光，又能抵御寒流，极富原始的美感。

由于地域闭塞，这里长期与外界隔绝，直至 19 世纪末期仍有大量合掌造建筑被当地居民居住和利用。及至二战后日本经济飞速发展，乡村遭到工业化破坏，这种民居形式才面临巨大危机：在 20 世纪内，合掌式的房屋已消失 92%。

最终依靠民间的抗争力量，20 世纪六七十年代开始了对合掌屋的挽救工作——保护组织逐步将各地的合掌屋迁至白川乡，以日本国家重点文物"和田家住宅"为中心，重新组建了如今 113 座合掌住宅的村落样貌；并制定保护准则，对改造建筑、增加设施、设立广告等开发行为都严格控制。每到合掌屋屋顶翻修之时，需集合全村力量互助才可达成，是壮观而动人的劳动场景。1995 年，白川乡正式登陆世界文化遗产名录，不能不说是村民坚守、共建、维系的成果。

虽然如今公路发达，从临近的高山与金泽当日往返白川乡参观已十分便捷，大量来客选择了这样的途径，但个人认为雪乡最好的体验仍旧是住上一晚，看它开门迎客与闭门自处时迥然不同的面貌。

白川乡荻町的聚落格局非常清晰：背靠城山、直面庄川，由与庄川平行的一条车行大路为生活骨架，以绝美的索桥相逢桥为游客门户，全村是步行可及的范围。南北向 1500 米，沿车行路有本地人聚集的停车场、加油站、超市等服务设施；东西向约 400 米，以索桥跨越庄川。索桥西岸是观光问询处、博物馆与巴士站，绝大部分民宿则聚集在桥东侧一路延伸至山脚下的坡道两侧。道路末尾有全町唯一的寺庙明善寺，属净土真宗大谷派，建筑与民居相似，亦是蒲苇草覆顶的做法。

两条主街与山脚所围拢的水田里，都是弯弯曲曲的路与零星散布的房子，重要文化遗产和田家住宅及规模宏大的神田家、长濑家住宅即栖身其中，还被使用着的合掌民宅和他们的生活情景也盘踞在这里。

由于乡村接待能力有限，酒店奇缺，民宿几乎是唯一的选择。预约需要统一在白川乡观光协会的官网进行。普通民宿一户约有 3 ~ 5 个榻榻米睡房的接待能力，有共用的浴室与卫生间，一些较新较大的民宿还设有洋室以供选择。官网上各家的价格十分固定和透明，很规范，有些还会细致到注明一泊二食中的菜单名目。

雪季是白川乡最为火爆的时节，民宿需要行前数月预定。至于年底特有的"点灯"活动，则吸引了全日本乃至全世界的来客。为了一窥童话之乡的梦幻场景，往往时间表刚刚公布便一房难求。与大都市不同的是，因山区气候的变幻不定，阴晴雨雪，每个人来此所见所感的都只是当下。早早订下的白川乡之旅往往在成行前一天还会令人忐忑不安并心怀期待。

2015 年春，关西与北陆已是樱花季，我乘巴士从金泽一路南来，中途气温甚至低到了 1 ℃，两侧的山景也逐渐成黑白。然而下车之后迈进积雪覆盖的白川乡，身上却并没有冬天的寒意。

预定的民宿是一家名叫"Furusato"意为"故乡"的合掌屋，观光协会网站上只有简单的地址与一张并不清晰的外景照片，几乎是最不出众的一家。然而我选择此处的原因却也简单："故乡"是白川乡年代最早的民宿之一，已有二百五十年的历史，传承 11 代，曾是德仁天皇当年来荻町时下榻的地方（彼时尚是德仁亲王）。种种旧事，掩在陈设老旧的外表之下，对我而言是更动人的部分。

拖着箱子沿着缓坡向上，同一趟巴士前来的旅客都是要留宿一夜的。路过几家光鲜豪华的大屋，来客逐渐分流，我直至道路尽头的明善寺附近才找到自己的目的地：不起眼的外立面，正门被一排格栅遮掩起来。"故乡"的主人是一对中年夫妇，简单引导之后便继续忙碌着。合掌屋的公共走廊里很拥挤，墙上挂满了年代不同、大小不一的相片、字画。从日本天皇的一瞥留影，到上一代女主人身披蓑笠的劳动英姿，仿佛是一座沉淀着历史、又充满着举重若轻般温情的家族博物馆。

趁着黄昏天色，准备出发去城山瞭望台一睹期待已久的鸟瞰全景。白天来此一日游观光的游客，此时正踏上离开的行程。一路与人流背道而驰，及至山脚已十分清冷。去往瞭望台的山路不短，可车行一路而上，而步行就要辛苦一些。晚风与山林相辉映，村子就闪现在树干的缝隙之间，与落日争分夺秒地急行，能感到脚

下的扎实。

游人离去后，山顶的瞭望台空空荡荡，眼前的角度与无数次在图片上看到的无异。多少人为了追寻梦里家山，迢迢来此，也算是个心愿之地。然而此时冬天已竟，稻田里一半覆雪、一半已消融，斑驳的白，并不纯粹；每家每户都有机械化的微型挖掘机，颜色鲜艳，一两辆缓缓跑在路上。这仿佛是《胜利即正义》中保护派与发展派和解的场景，乡村的未来蓝图可被信赖，绝非是一边倒的梦幻与童话。来白川乡所寻找的，归根结底是与现实共鸣。

从城山一路退回"故乡"，沿路的参观处、店面均已关门闭户，只留一些生活情趣的细节尚在田间。观光问询处回归了安静，庄川恢复了奔涌，相逢桥处无一人相逢。

太阳落山，气温再降，我回到支起热火炉的"故乡"，晚餐已经做好。一人一席，是朴素的味噌汤、豆腐、煎鱼、天妇罗，另有一碟煮好的本地时蔬。女主人点燃小火锅，几片牛肉就着葱花与蘑菇，滋滋地烧起来。小小的餐厅里有另外几桌客人，一家来自中国香港，另一位是来到日本打工旅行的马来华侨，饭后在"故乡"围炉夜话，说的竟也是故乡的语言。

回到房间，女主人已把床铺铺好，并在放脚的位置贴上了发热的暖宝宝。屋外是一条小水沟潺潺流动的声音和接近冰点的气温，与之相称的是屋内电暖气徐徐输送着热气，陈旧的墙纸上映满了年代的余温。

第二天清晨七点，室外下起蒙蒙细雨。行至田间，可以呼吸到久违的清冽气息。积累一夜的雾气，此时正在大地上徐徐消散。以深色远山做背景，可以清晰地看到它们流动的影子。合掌屋就在这样的天地幕景中渐次苏醒。

早晨九点，是所有参观点与商店集体开门的时刻，大量的车队开进了停车场，各色皮肤、发色的旅游团成群涌入村中。那正是自拍杆刚流行起来的时候，几乎人手一只。隐逸中的白川乡即刻不复存在。

我随着这样的人流，参观了远大于民宿的和田家、神田家遗址，爬上了巨大的屋顶内部，看层层叠叠的工坊场景，也能从几十米高的窗孔眺望远处。抬头看城山，此时瞭望台已挤满了长焦镜头。田间街道，四处生机勃勃。

人们逃离大都市而来，却在乡野中与其他逃离大都市的人们相遇，这是每个"美丽乡村"都在上演的故事。真实的与虚幻的，并置眼前。

冈山后乐园 / 唯心安处是故乡

险夷原不滞胸中，何异浮云过太空？

夜静海涛三万里，月明飞锡下天风。

——王阳明

年少时喜爱古龙的奇诡，比如读《萧十一郎》，最爱里面名叫"玩偶世界"的一章。

那一章说的是主人公发现了一个极为精致的园林模型，模型里楼榭、犬兔、玩偶人物等都栩栩如生——"就连孩子们的梦境中，也不会有如此精美的玩偶房屋"——之后主人公在一场战斗后昏迷，醒来时惊悚地发现自己的身体已被缩小，困在了这个玩偶世界里。玩偶人对萧十一郎说：

"此间已非人世，你已经成了他人的玩物，而且永远出不去。"

后乐园（Korakuen Amusement Park）地处冈山，是日本三大著名园林之一。日本造园术源自中国，技法之外理念亦然。1700 年建成的后乐园是当年冈山藩主的私人花园，名字来源于《岳阳楼记》里"后天下之乐而乐"的名句。

我前往濑户内海诸岛时，路过并游览了冈山后乐园。其中的亭台绿植都精致得不似人间之物，一见之下深受震撼，真的让我产生仿佛置身微缩模型中的幻觉，宛如古龙所描写的"玩偶世界"。

走进后乐园正门径直望去，远处山形平缓，黑色的冈山城天守阁耸立，阴沉如铁造。冈山城号称"金乌之城"，傍水而建，天守阁檐角鸱吻用金色装饰件包裹，在安土桃山时代（1573—1603）便是气势恢宏的坚城。然而战争曾将冈山天守阁夷为平地，现在所见的是 1966 年重建的成果。

一路前行走过延养亭，开阔的草坪平整如毡，尽处是泽之池和环绕的沙洲，池中岛上树木精致工整，远近松柏层层叠叠，都修剪成了近乎几何图形——日本地域狭小，少了纵横捭阖的机会，多的是方寸间的反复斟酌，直至把蛮荒的生命力整治得服帖如斯。

沙洲一侧是后乐园的中心，一座名叫"唯心山"的小丘。小丘仅高6米，实在称不上是一座"山"，好在整个园子再无高耸处，登上后还算能俯览全局。得名"唯心"，自然是因为王阳明——冈山是日本心学的发源地。

冈山的第一代藩主池田光政是王阳明在日本的最早一批信徒之一，他启用了第一代心学学者熊

泽蕃山为政，并修建了后乐园。直到第三代藩主继位，又在园子中增添了唯心山。时空交错，日本人修建唯心山之时，距离王阳明在中国去世已经二百多年。

日本从中国汲取文化营养，禅宗之后一脉相承的是心学。而六祖慧能发起"以心传心"的佛教"革命"，本身就是心学的血脉源头。自从人类第一次审视自己，开启了"仁者心动"的时刻，"心"的重要性便被持续发掘。先是身心分离，后随着人类对自身认识的日益深入，到了慧能乃至王阳明的世界，理论上的身心又显著地归于一体。

在冈山遇见唯心山，有种莫名的亲切——他乡之所以迷人，正是因为远离生活庞大的惯性。慧能隐匿广东开创禅宗，王阳明逃亡贵州悟道心学，拥有同样经历的还有陶潜和苏轼……文化巨人在远离中心的荒芜地获得关于"心"的顿悟，已经是古老的桥段。王阳明和心学在日本受到极大的崇拜，大概也和这个国家与生俱来的偏僻感有关。

除了唯心山，园子里还有多处景点理念源自中国。比如唯心山后那座叫"流店"的亭子便是模仿曲水流觞，亭内一道水渠穿过，水渠里伫立几块黑色粗粝的火山岩。边界工整简洁，而岩石却随意自然，对比起来极富现代感。而所谓欧洲"现代艺术”概念的萌生，本就有着日本艺术的影响。

再比如流店外不远的一片水稻，仿照中国周朝的田亩制度划分成了“井田”。水稻据说是此地的原生植物，造园后保存下来，供旧时日本贵族体验他们想象中的中国古代礼制。

穿过井田和大片的梅林、樱林，是历史悠久的后乐园鹤舍。

明治时期，心学打破了幕府的思想钳制，给维新势力撑起了精神的大旗。随着日本跃居世界强国，中国的自尊心被深深刺痛。从梁启超到郭沫若，大量学者、留学生在日本见识了心学的昌盛与维新的成功后，纷纷变成了阳明学的信徒。郭沫若青年时留学日本，在冈山生活3年，20世纪50年代再次访日，心心念念专程重游后乐园，却发现旧景已经荡然无存，旧有的丹顶鹤也消失殆尽。于是他感慨地留了一首诗：“后乐园仍在，乌城不可寻。愿将丹顶鹤，作对立梅林。”

一年后郭沫若真的信守承诺，给后乐园送来了一对丹顶鹤——今天园中所见的应该都是当年那两只中国鹤的后代。

《萧十一郎》里“玩偶世界”的结局是主人公在绝望之际寻得破绽，最终从幻境中脱身而出。

古龙的文风受日本大师吉川英治影响颇深，他笔下的高手对决，起决定作用的往往是“一念

之差"，种种神异桥段无不是在强调"心"的作用。唯心光明，才可以勘破迷障，知行合一。于是即使站在小小的土丘上，依然能俯览天地万象，不让身边的藩篱限制心的自由。

那天天气阴沉，乌鸦在空中划出一道道黑色轨迹，步出后乐园时的我仿佛《黑客帝国》里的尼奥，吃下药丸从矩阵回到了现实世界。尼奥就像科幻版的王阳明——现在回想电影的故事，如果能在矩阵里窥见内心真谛，子弹便会凭空掉落，身体也能任意飞翔，那么这"玩偶世界"与现实世界也就无甚分别了吧。

出云大社 / 洞见千年前的古老建筑

日本五畿七道的山阴道，位于本州西部，包含了鸟取县、岛根县，以及山口县北部地区，是夹在山与日本海之间的狭长地带。历史上曾因与朝鲜半岛通航而有过文化繁荣，如今却已是日本人心目中经济最萧条的地方。

我乘火车沿山阴本线铁道向东而去，窗外就是忽远忽近的海岸线。或许是心理作用，一路上感到车身摇晃得厉害，不禁疑惑是不是连新干线都要差一些。在这样偏僻的地域旅行，所见的精彩总是不及大都市的，这一点我已做好心理准备，但同时也对乡野小城不同于现代化都市的氛围怀有期待。

"出云"二字，沿用自镰仓时期（1185—1333）的旧出云国，如今已属岛根县第二大城市。然而人口只有寥寥十万。为了延续传统，同时振兴旅游业，出云境内依旧弥漫着历史上"神话之国"的氛围。按照神道教的说法，出云是日本"八百万神明"云集的地方，神的"密度"已远远超越人类。

日本神话中，每年十月，全国的神明都要离开自己的居住地，前往出云聚集，故日本和历十月又被称为"神无月"，只有在出云地区，十月才被称为"神在月"。在此期间，凡人的任务是维持朴素并要斋戒，还要举行盛大的迎神与祭神大典，时至今日仍然是出云每年最重要的活动。典礼所在地即出云大社，可谓"诸神的客厅"。

在神道教的谱系中，出云大社本殿中祭祀的大国主神，是苇原中国的统治者。苇原中国指人间世界，即日本本土，与之相对应的是天上世界，称为"高天原"。高天原是八百万神明的居所，它的统治者是日本神话体系的最高神祇——天照大神。祭祀天照大神的主社是最为古老而崇高的三重县伊势神宫，而无论从大社的神祇地位还是建筑地位来评判，出云大社都是紧随其后的日本第二。

传说中大国主神曾拯救"因幡之白兔"，因此出云大社也有了日

本结缘第一圣地的美誉。大社的姻缘御守十分别致，也有繁多的兔子手信。或许正因为此，这里也是女学生云集的地方。

在日本，大社参道之上必设有鸟居。这种"两立两横"的简约形象如今已深植人心，成为日本文化的标志之一，被形容为"像空气和水一样太平常、太自然的存在"。鸟居的确处处可见，然而在伏见稻荷大社，将数量做到极致后，鸟居也能被演绎成一种全新的空间体验。

出云大社的特别之处则是将另一种寻常的神道教意象——注连绳，做到了极致。

由秸秆或麻绳编织而成并挂有白色之字形御币的注连绳，通常被挂在鸟居、神树、神石之上，作用与鸟居类似，为区分"圣""俗"两域的标志。如今也常常被视作驱魔庇佑的装饰，挂在住宅入口等更寻常的地方，几乎随处可见。

而在出云大社正殿以西的神乐殿前，则系有一条长 13 米、重 5 吨的注连绳，成为日本之最。强烈的视觉冲击力，使之成为出云大社的旅游名片。关于这条注连绳还有个说法：许愿时将五元（象征"有缘"）日元硬币向上抛，若成功夹在稻草中便可交好运。然而这项祈愿仪式如今已被叫停，不堪重负的注连绳被铁丝网兜保护起来，缝隙之间仍零星散落着硬币与他人的愿望。

在日本现存的大社建筑之中，仍保存着三种最古老的样式：神明造型、大社造型与住吉造型。而前两者的代表正是伊势神宫与出云大社，同时留存的还有大社最具独特性的古老传统——式年迁宫。

式年迁宫，即在固定的日子里拆除旧殿，同时在隔壁空地重建社殿，并请神祇迁移住居处所的仪式。这样的做法，可以将建造大社之古法正确完整地保留下来，并用重建代替修缮，这是日本人文化延续的智慧。然而及至今日，只有伊势神宫真正保持着 20 年一次的迁宫仪式，此仪式已延续了一千三百多年。它使我们得以通过一座崭新的建筑，洞见其千年以前的古老传统。

2013 年，出云大社也开启了平成大迁宫工程。在出云大社的记载中，从江户初期的 1609 年，方才开始实行约 60 年一次的迁宫仪式。然而此处的迁宫，并非异地再造，而是将神体与神座迁出，将正殿原地整理修缮，再将神明迁回。

出云大社历史上只经历过三次迁宫，上一次停止在遥远的 1744 年。由此使得始于新千年"回归原点"意味的迁宫仪式格外引人注目，并与伊势神宫的 20 年替造遥相呼应，人们称 2013 为"双迁宫"之年。

2016 年夏，我来到出云大社，迁宫工程已接近尾声，还剩零星的收尾工作。然而根据出云大社严格的参拜规矩，即便皇室成员也不得入正殿内参拜，只能于前殿遥遥眺望大社的屋脊。这座 24 米高的正殿已是日本人心目中极为高大的存在了。然而在学者对镰仓时期的出云大社复原构想中，它却是一座长 100 余米、高至 48 米的超乎想象的巨构。

神官将走过长长的甬道，如揽月摘星般地接近着神明，壮观而富仪式感。站在这样的复原模型面前，仿佛可以瞬间追回神道教原初对自然神明的信仰力量。

平安时代（794—1192）中期，有儿歌集《口游》诵道："云太，和二，京三。"其中的"京"，指平安京太极殿，相传是借鉴大明宫含元殿而建，后毁弃；其中的"和"，指东大寺大佛殿，始建于 752 年，后两度毁于大火，相传其时有 45 米高；而其中的"云"，则谓出云大社，初建时高度应犹在两者之上，但也仅存于构想之中了。

2000 年，出云大社院落遗址中出土了三组直径达 3 米的木柱，使其距离 48 米的复原想象又接近了一步。这些与神话一同成为迷雾的旧历史，等待着云霾拨开的一天。

熊本城 / 银杏古城

这几年，熊本熊各种呆萌表情红遍了微博微信朋友圈。虽然熊本熊这么火，其实还只是一个八岁的宝宝：2011 年九州新干线通车前，熊本熊才被设计出来作为九州的"火之国"——熊本县的吉祥物，希望能够帮助振兴本地的经济，推动旅游业的发展。熊本熊的设计理念，正是取材于熊本的主色黑色与腮红的完美点缀。

没想到只用了三年时间，熊本熊就超过了 Hello Kitty，成为日本认知度第一的卡通形象，同时远赴海外宣传熊本旅游，甚至还在天皇面前表演过"熊本熊体操"。而后，熊本熊的足迹开始踏进中文世界，零星出现在论坛、社交网络和新闻里，如今更是红得一发不可收拾。而正是熊本熊的努力，让地处九州的这个并不知名的旅游地慢慢进入了人们的视野。

2016 年，平时习惯于通过各种表情来卖萌的熊本熊，真正遇到了最大最艰难的挑战——里氏 6.5 级的强震导致熊本城天守阁的瓦片从屋顶纷纷跌落，城墙底座出现崩塌，东十八间橹、北十八间橹、五间橹遭到损坏，而 200 多米的长塀倒塌了近 100 米。各大媒体纷纷跟踪报道，日本人民陷入哀思。

熊本"幸福部长"失踪之后的熊本城，是如何渡过难关的呢？我们不禁追忆起这座曾经让人流连的故地。

作为九州第三大城市的熊本市，三面环山、一面靠海，人口只有 70 万。但这并不影响熊本成为一座整洁美丽的现代化城市，轻轨连接了新干线车站、商业街、

熊本城、江津湖、水前寺等人气场所。作为熊本县营业部长和幸福部长的熊本熊也生活在这里，因此它的身影在城市里无处不在，在熊本散步，随时会与熊本熊不期而遇。

熊本物产丰富，不单有大量的海鲜，这里的天草黑毛和牛、马肉刺身、拉面、芥末莲藕都十分出名，其中也包括了酱油。在商店街中随处可见熊本熊代言的广告牌和宣传画。

不用过多介绍，作为日本三大名城之一的熊本城出名的时间绝对比熊本熊要早几个世纪。三大名城是指熊本城、大阪城和名古屋城，也有一种说法是熊本城、姬路城和松本城，无论怎么排，熊本城都榜上有名。

这座有着五百年历史的古城，算得上日本诸多城堡中最清静的一个，如果不是节假日或周末，几乎很少见到游人。登上熊本城城楼的顶楼，便可以看到群山环绕中熊本市的全貌，以及一只硕大的熊本熊正在微笑着望着你。

熊本城也被称为"银杏城"，城内布满了银杏树，非常漂亮。为什么会有这么多银杏树呢？其实和中国有着非常大的渊源。

银杏城的由来要从熊本城的建造者加藤清正说起。在明朝万历年间（1572—1620），入侵朝鲜的日本陆军被中朝联军击败，退守蔚山。当时的日军主将加藤清正建起了蔚山倭城进行坚守。不料明军将城团团围住，"筑城达人"加藤清正忙中出错，忘记在倭城中打一口水井。不到十天的时间城内所有草皮壁土都被吃光，加藤清正本人也已断水。最后关头加藤清正捡回一条性命，但是留下了很大的心理阴影。回到自己的封地熊本之后，他在城内打了120口水井，所有空地都种上了可以作为食物来源的银杏树，甚至连城内地板（由芋艿的茎晒干做成）和草席都是可以吃的。加藤清正这位"饿死鬼"设计师，筑造了这座真正意义上的攻不破、饿不死、渴不怕的银杏城。

除了粮食储备极为充足之外，熊本城的城防也是整个日本最为坚固的，城墙全部使用巨大的石垣垒砌而成。石垣被修成了凹形曲线，起初平缓，靠近上层时则几乎垂直，这种造型也被称作"武者返"，使得想使用登云梯强行进攻的军队望城兴叹。

三百年后的日本西南战争中，西乡隆盛曾率领军队进攻熊本城。由于城防坚固、粮草充足，即使是明治维新时代的"军神"西乡隆盛也拿熊本城毫无办法，强攻50天之后只好撤军，从此熊本城坚不可摧的形象又蒙上了一层神话色彩。

即使是如此坚固的熊本城，在地震中也受到了超乎想象的严重损害，以致整个日本网络都发出了震惊的声音，想不到曾经神一般的坚城也会倒塌。据媒体报道，震后熊本城的修复工作可能要持续十年之久。

一直认真经营着熊本旅游宣传的熊本熊，想到仍需要七年的时间才能重整家园，或许也会沮丧难过吧。我希望它能早日振作，回到九州的田间，回到它热爱的城市里，继续保持那份微笑。

高野山（一）／ 与帅气和尚一起朝五晚九

曾经在一篇博客上看过西方摄影师镜头下的高野山，名山的画面摄人心魄，于是起了念头去亲自瞧瞧。

凡俗人等要附庸修行的风雅，第一要素就是拉开与尘世的距离。例如比叡山上的延历寺会馆，山虽不高，从房间的窗户眺望出去正是琵琶湖壮景，便算是绝佳的修行道场。而高野山因为海拔高且交通不便，更符合出世的要求。弘法大师空海于一千二百年前在此开创真言宗总本山的往事，也让这片土地有了足够有趣的灵魂。

自大阪到达高野山最快的方式是自新今宫搭乘南海特急，登车一瞥，列车上有大量西方面孔。这座 2004 年被写入世界文化遗产名录的宗教目的地，吸引着全球的仰慕者前来参拜。

事实上高野山并非一座山的特定名称，而是代指和歌山县群山之中特有的那片佛教圣地。

列车穿梭于山林密树之间，绿意养眼，时而穿进隧道，速度快不起来。特快列车车行1小时15分钟到达极乐桥站，下车即山麓，但还需改换接驳的缆车才能登山。这种坡度陡峭、靠地面缆索牵引攀缘的缆车在日本并不少见，但因为身处日本佛教圣地脚下，向上眺望的心情竟有些激动。当自大阪而来的一整列车的来客统统塞进一个车厢里，缆车便拥挤着开动了。

第一晚投宿的宿坊是西禅院，毗邻高野山顶著名的坛上伽蓝，也是高野山上50余宿坊中最西端的一座，非常安静。山顶缆车站距离宿坊仍有不短的距离，而初来乍到的我刚端起手机准备查询地图，便有引导员主动上前用英语询问我目的地，我用别扭的发音报出寺院名之后，即被告知所需搭乘的大巴车号、下车站点，以及下车后的步行方向，并在地图上迅速标记好递过来，效率满分。

山顶的整座高野町犹如一座由大大小小寺院组合而成的小城。拖着箱子走在禅院前的步道上，已是下午四点，太阳西斜，光影红晕，左右是一家又一家连绵的宿坊，每家都有极为精致的门头木雕和安静庭园，一车来人拖着行囊迅速分散并消融于其中，有一种悠然归家般的感觉。

宿坊西禅院庭前井井有条，台子上整齐摆着拖鞋，入宿的流程也与一般民宿旅店并无二致。负责接待的奶奶与年轻和尚英语都很流利，确认了房间、晚餐用餐时间，还追问是否需要添酒，原来这里虽是素食，却不禁酒。日本宿坊的晚餐时间都比较早，可选五点或五点半，山上餐厅不多，多数人会选择一泊二食的方式体验寺庙独有的精进料理。年轻和尚简单介绍了注意事项，如宿坊夜间的门禁、浴室位置、早餐地点等，尤其强调了清晨的早课——六点半在佛堂集合，这是留宿寺庙里最重要的环节。

西禅院的走廊木地板年代古老，为了保护地板，箱子只能提着走而不能拖动。门扇上有线条精美的壁障画。目光所及，每个角落都不染一尘。寺院经过加建，共有 30 余间客房，而我的房间在走廊尽端的二层的新书院。推门的瞬间吓了一跳：这是个可容纳 12 个人留宿的三进套间，分别是一个十叠榻榻米的客室、八叠榻榻米的储藏室，以及八叠榻榻米的卧室。老房子没有卫生间，且没有门锁，三间房的推门全部面向走廊。而从走廊另一侧视野极好的玻璃窗看下去，则是一座野趣横生的庭园。

庭园的创造者是日本造园巨匠重森三玲，这也是我之所以选择在此落脚的原因。

这座完成于 1950 年的作品，比起京都常见的细心维护的枯山水庭园，显得如疏于打理般荒置着，然而气质却更凸显重森三玲的早期风格——苔岛与立石相结合的粗犷孤傲，恰和离开大都市来山中盘桓的旅人心境相吻合。来到此地，便是希望抛下被社会精细打磨的圆润，找回那个曾经线条清晰的自己吧。

眺出窗去，高野山的精神象征根本大塔就在眼前。

晚餐是送到房间里的，摆盘精致华丽。因为都是素食，各色豆腐便成了主角。高野山上的胡麻豆腐非常出名，宿坊的晚餐中也有大大的一块，好吃！与京都的精进料理相比，腌菜的比例少了，用料大多是新鲜蔬菜，味道也比京都淡了许多，不至于狂添米饭。三份主菜分别以煮制、铁板、炸制三种方式烹熟，算是比较经典的搭配。加了壶不知名的清酒，调配非常均衡，是山中的味道。

西禅院有公共的浴室、洗手间和饮水处，设施非常完备，并且比一般的家庭旅馆更为整洁。北京时间"晚九"时分，穿过长长的走廊到达浴室，汤池面积很小，有一个泡池与四组淋浴的龙头。但对于旅人来说已经足矣，一天的辛苦与尘埃都在此与自己告别。

虽然五月的阳光已属和煦，但是山里的温度比外面尚要低上五六度，夜间更是气温骤降。老房子保温较差，还好寺中早已准备好电热炉与被炉，夜里泡一壶热茶，慵懒地在被炉里闲翻书，想象不到此番初夏之旅竟会有这样的体验。

高野山在一千二百年历史中一直昂然为日本佛教的至高圣地，处处都有修行者与历代大名留下的遗迹。相传西禅院便是亲鸾上人修行的故地，这样的身世在高野山也算不得稀奇。

大多宿坊的早课时间、流程安排比较类似，由于住客以游客居多，甚至过半为外籍人士不懂日语，所以宿坊早课体验更多的是开放给游客的一个了解佛教的机会，不苛求参与的形式与投入度。

由于夜间气温很低，睡得并不好。"朝五"时分，挣扎着爬起来洗漱，抓起衣服来到佛堂，险些迟到，里面已坐满了三排约三四十人的样子，不大的佛堂显得略有些拥挤。后排人坐在一条长凳上，前排或跪坐或盘坐在红色地毯上。诵经的和尚有两名，一主一副背对人群已端坐在佛像前。我刚刚坐定，一声清脆的敲磬声响，东京时间清晨六点三十分整，唱诵便已开始。

整座佛堂的大门是紧闭的，平时也不会像普通庙堂般对外开门，由侧门连接宿坊的内廊出入。佛堂内部的光线比较暗，天花板很低，上面密密悬挂着长明灯，氛围庄严而神秘。佛堂不允许拍照，此刻只能用眼睛记录。

大部分诵经由端坐正中的和尚完成，时而轻搓手中念珠，右后侧的和尚有时参与和声，有时敲击铜钹一般的佛教乐器。整场唱诵有起承转合，虽只有一人且声线低哑，但是很有穿透力。听众安静肃穆。清晨的冷气从门板缝隙里一点点渗进来，一个暖炉散发的热气在佛堂侧面徐徐对抗着，但仍旧寒意凛凛。约20

分钟后，唱诵结束。一个年轻和尚转过身，开始从容而耐心地讲解，猜测内容关于佛法与历史。感觉这种早课加讲说的方式是对佛教"门外人"极好的体验窗口。在日本旅行多次，第一次发觉不懂日语是如此遗憾的事。

早课结束后大家鱼贯而出，移步至壁障画精美的大广间，早餐已盛在漆盘中，标注好房间与姓名并一一排列好。落座后，和尚端来米饭与热茶，也是西禅院一日修行的终章。

离开古朴而低调的西禅院，下一站是位于高野町交通核心地带千手院附近的普贤院宿坊，从入口大门至庭园，所见都比西禅院更为奢华，宿坊也有自己专属的收藏陈列及纪念手信，想来应是香火很旺的寺庙。

普贤院客房更多，体验一如标准的和式酒店——附带空调、卫生间，唯独浴室仍是公用的，与老房子

的感觉完全不同。而这里的一泊二食，仍然是晚饭各自送到房间而早餐在大广间共食的方式，但个人感觉料理的内容不如西禅院新鲜、细致，绝大多数菜是腌制的，也许是住客太多，难免有流水作业的感觉。

高野山的每间宿坊都提供阿字观、抄经、受戒灌顶等禅修体验，而在普贤院体验的抄经流程比较简单：没有统一安排的房间，而是将经纸、抄经笔、香粉取到各自房间中自行抄写。各家宿坊都会对抄经收取一定费用，但是想到抄好的经会被寺院保管并供奉佛前，还是愿意捐出这份实实在在的香火钱。

普贤院最初得名于对普贤菩萨的供奉，而今日仍香火不断的独到之处，则得因于供奉着 1997 年自尼泊尔穿越喜马拉雅山，途径敦煌沿丝绸之路，再从上海船运至神户港迢迢而来的舍利子。路途中最重要的一环是来到空海大师曾入唐求法的西安青龙寺，高野山与中土大唐千年的缘分莫不在此。

由是，普贤院的早课，除了传统的诵经以外，还会有和尚指引修行人绕主殿一周，于每一菩萨前依次念诵咒语参拜，再转入地宫，逐一入内一睹舍利子塔真容。整场早课持续一小时，虽然中途有大量日文讲解无法参透，但是深度的参与性与仪式感，令这一场早课回味无穷。

比起像自己这样装束随意的游人，更多同上早课的是穿戴半袈裟、身着白衣的"遍路者"。在高野山最常见到的四个字是"同行二人"，意为永远与空海大师同行。在高野山上常遇到手执金刚杖、头戴斗笠的遍路者，想到他们曾行山过水、徒步踏遍空海大师八十八寺终于到此，总能感受到一种至诚至勇的力量。每当看到"同行二人"四字，便时时警醒：修行虽苦，却绝不是一件孤独的事。

俳句之圣松尾芭蕉在高野山留下诸多痕迹，最有名的是奥之院中的俳句碑。而作为曾留下足迹的普贤院，更设有一座芭蕉亭，于是这里也成为日本俳人朝圣之地。早课过后，路过芭蕉亭，才发现其中还备有笔墨，供来人留下俳句。厚厚的俳句帐，一本本摞在亭中，有些页脚泛黄，据说已囊有三万句，随手翻开几页，落笔竟一丝不苟。临行提笔，与高野山的朝五晚九作别。

高野山（二）／ 《妖猫传》与神话起源

无数次提笔又放下，高野山之行已经是两年前的事情了。回忆是片段式的，就好像电影里的情节：在纷扰尘世中睡去，睁眼醒来，便已身处一辆行驶于山中的火车上。火车悠闲地爬坡，缓慢得仿佛酝酿着什么。初秋的清早，窗外山道两侧的植物深绿如墨。车厢里没人讲话，耳边只有布谷鸟的叫声。

火车停靠在车站，我从屋檐下走出，眼前瞬间开阔。山上气温明显低于山下，清凉的空气让人精神为之一振，视力也仿佛有所提升。也许是因为森林环境中的含氧量高，所以让人感到兴奋而冷静——这是一种熟悉的感觉，身体好像回到少年时代，充满力量。

车站位于群山环绕的一个广场上，调度车辆和游客左右来去，仿佛这个山中世界的起点。

高野山是日本密宗大师空海的修行处，有近一千三百年的历史。

空海在日本几乎成为神话人物，关于他的神异传说数不胜数。最近几年这个名字在中国出名，则是因为电影《妖猫传》。影片主角是白居易，配角便是空海。扮演空海的日本演员形象俊美，一举一动流露出世俗情感的意味。这一形象非常符合史实，据记载，日本在挑选遣唐使人员时极为看重外貌，以期受到唐朝的重视。

在真实的历史上，白居易和空海或许确有交集。805 年，白居易写下《青龙寺早夏》，里面有"青山寸步地，自问心如何"的名句。那一年，空海刚好在青龙寺修行，两人很可能有一面之缘。然而当时白居易名满天下，空海只是个留学僧人，两人未必说得上话。《妖猫传》的剧本来自于日本小说家，日本人对唐文明心向往之，导致产生一种普遍的"参与"心态，总是希望能在那段辉煌的历史中尽可能地插入自己的戏份。

754年，鉴真东渡成功，将《大日经》带入日本，但当时这本书并没有受到日本佛教界的足够重视。直到804年，22岁的空海认定这部经典超越过往所有流派著作，《大日经》才在日本传扬开来。但同时，空海发觉这部经典仅依靠自学仍有许多难解的地方，遂下决心跟随遣唐使入唐求法。

那一期遣唐使船队有四艘船，空海在第一艘船上。那时的航海技术还不够成熟，能否平安渡过日本海到达唐朝，有一半要靠运气。船队一出发便遇见风浪，四艘船里，空海所在的第一艘船被风浪损坏，偏离航线，在海上奇幻地漂流了34天，幸运地在今天福建一带获救。

等到空海北上长安，到达青龙寺，已是805年4月。那时长安的青龙寺是世界佛教中心，青龙寺主持、密宗的第七代祖师惠果见到这个年轻的日本人，欣喜地说："早知道你会来，我已经等你很久了。"

时年70岁的惠果十分清楚，自己有如将要燃尽的灯芯般摇摇欲坠，却"报命欲竭，无人付法"，找不到合适的继承人。空海的到来让惠果欣喜若狂，在最后的时间里，惠果抛却门户之见，把自己的佛学倾囊教授给了这位日本青年。

据正史记载，空海只花了3个月的时间便学完了惠果的全部密法，进而成为唐密第八代传人。对此如有质疑，或许空海的其他身份能有所佐证：除了密宗第八代祖师，他还是日本平安时代的三大书法家之一，同时又是片假名的发明者，汉诗高手，以及农业专家。如果说世上有人是天才，空海绝对能算其中一个。

摆渡车的终点坛上伽蓝，是高野山最初的道场设立处。传说空海决定回日本，需要寻访一处修行地。他将手中的法器三钴杵掷出，法器穿越大海飞向了日本岛。回国后，空海在和歌山找到了他的三钴杵，于是他在此建造道场坛上伽蓝，取名高野山。

坛上伽蓝的中心是根本大塔，也是日本最大的多宝塔建筑。它壮观无比，但比例失调，在照片上看起来似乎是个两层高的建筑，实际上每层有20多米，让台阶下的众生显得十分渺小。塔中光线昏暗，空间高耸压抑，16根巨大的木柱密集地攒簇在中间，支撑整个大塔巨型的空心结构，柱子上则绘有颜色炫目的菩萨像。

在根本大塔前，僧人安静来去，夕阳把沙子路面照得明晃晃的。在一棵巨大的松树前，参拜者不分老幼，手持松枝端详。我上前询问缘故，回答说："松枝一般分四叉，只有高野山的松树枝分三叉，是空海大师当年投出的三钴杵化身而成的。"明知是神话，我也忍不住俯身收集起松枝，松枝长势粗野，看不出三叉还是四叉。

晚唐时期，长安的青龙寺被夷为平地，后来逐渐被人遗忘，遗址在 1984 年才被发现，如今新的寺庙和空海惠果纪念碑由高野山捐助重建。而在大海彼端，真言宗飞速发展起来。高野山道场的建立，开启了日本"山林佛教"时代，修行者们走出寺庙，走进山野，成为平民佛教的滥觞。

神话的终章是在民国时期，彼时文化复兴的大潮涌起，一位中国天才僧人求学于高野山，在 3 年内取得了 3 个密宗流派阿阇黎（导师）的头衔，震惊了中日佛教界。1953 年，断绝了一千二百年的唐密道场在上海静安寺重开，历史的轮回，在此划上一个圆。

四寺回廊 / 漫游奥羽

2019 年春节，我踏上了日本最清冷的东北（如无特指，本节中的东北指日本东北地区），开始了一段日本寺庙巡游之旅。日本的东北地区包括青森、岩手、秋田、宫城、山形和福岛诸县，是古代日本陆奥国与出羽国的领地。从古至今，奥羽地区在地理、文化、经济上与日本关中的灿烂有着天然的隔绝。

火车从东京出发，穿梭于崇山峻岭与皑皑白雪之间，一种陌生感扑面而来，时间与空间仿佛同时放慢了速度。一千一百多年前，慈觉大师圆仁从日本佛教中心比叡山几度巡游至东北弘扬天台教法，在陌生的山海之间草创四座寺院，它们便是我此行的目的地：宫城县松岛的瑞严寺、山形县山寺的立石寺，以及岩手县平泉的中尊寺与毛越寺。

在那个时代，日本佛教宗派衍替，四寺走向了不同的命运，最终化作这片土地珍贵的文化温度，被后人谨记。

2003 年，为纪念这段历史记忆，四寺联合提出"四寺回廊"的巡礼方案："没有指定时间，也没有指定顺序，从心而旅，踏足四寺并且诚心参拜即可。"于是我的旅程也由此开始了。

第一站：宝珠山立石寺

山形县藏王群山中有一座不起眼的山寺小站，出羽地区最负盛名的天台宗圣地便藏身于此。860年，67 岁的圆仁在此开山建造立石寺，是东北四寺中创立最晚、特质却最为鲜明的一座。

整座寺院建筑群利用陡峭的地势，自山脚下的本堂，经一千级台阶挺拔直上，到达山顶大佛殿，仿佛与尘世隔绝，正是践行着天台宗讲求的山林修行理念。而雪中访山寺，既是险境也是绝景，虽"野寺残僧少"，心中兴致却盎然。

山脚下现存的本堂是由初代山形城主斯波兼赖于 1356 年重建的，单檐入母屋造（即歇山顶），建筑所用的榉木呈现着因年代积累而成的斑驳色泽，配着形式繁复的斗拱，是整座山寺单体建筑中最精美的一座。殿中供奉着圆仁法师由比叡山延历寺根本中堂（延历寺中心建筑物，堂内设有不灭长明灯）中分火而来的"不灭的法灯"，一千二百年来被僧众供奉，从未熄灭过。

山下本堂一侧，立有芭蕉句碑与松尾芭蕉像。因留诗过多，芭蕉句碑在日本已不稀奇。但松尾芭蕉在山寺留下的"万籁俱寂，蝉鸣声声入岩石"却意外走红，也让低调的山寺名声大噪。后人甚至在山寺立碑"蝉之冢"，与芭蕉俳句遥相呼应，仿若黛玉葬花式的小趣味。

前行百余米至山门，才到了山寺的千阶登山口，传说爬过千阶可以步步忘却烦恼。雪山路滑，在此处必须换上登山冰爪，否则寸步难行。山门上书有不寻常的四个大字"关北灵窟"。越过山门，只见在之字形的登山道两侧分布着巨大的杉树和星星点点的墓碑、石灯笼。此情此景，令人有种仿佛撞入高野山奥之院的灵场之感。

在日本，这种以佛教供养死者的风俗滥觞于平安贵族，形成了独有的葬式佛教场景，这在中国是不得而见的。荒山遇灵窟，人迹渺渺，只能默念"这是民俗现象"来驱离恐怖感。离开山寺后才得知，山顶纳经堂下曾发掘出疑似圆仁法师的舍利子，原来历代陵墓选择在此聚集，是为了靠近大师。

沿积雪台阶龟速攀爬，半小时后方才到达形制华美的仁王门，逼近山顶部分的建筑群落。在这个海拔高度，树木渐渐不见，眼前一派疏朗，可以遥望开山堂与纳经堂的屋顶，兴奋之情一扫疲惫之感。转过最后一道弯，山寺的标志——红漆的纳经堂——便顶着厚厚白雪，与背后如黛的山色、清晰的道路以及房屋等一同被描摹在图底中了。

在冬季，立石寺山顶的大多数佛殿都已关闭，且山势陡峭，在阶梯状坐落的佛殿间步行也实为困难，大多数人止步于五大堂的瞭望台，一览藏王山谷的壮丽景致。但是比起平凡的春夏秋，雪中拜寺的体验却是如此难忘，唯亲身经历才能得知。

第二站：医王山毛越寺

四寺回廊的第二站毛越寺，位于 2011 年登录世界文化遗产名录的平泉町，于 850 年建寺，真正的兴盛期则在 12 世纪初，由奥州藤原家族倾力营造，鼎盛时期有堂塔 40 座以及僧房 500 间。如今，虽然经过 1226 年与 1573 年的两场火灾，建筑群燃烧殆尽，毛越寺却留下了尺度巨大的平安时代净土庭园遗迹。

除去赫赫有名的宇治平等院，日本的净土庭园如今仅有少数残迹，其中半数散落在平泉。除毛越寺外，还有观自在王院、无量光院。虽然两者仅余湖水与岸线，却自有一番气质。

日本平安时代末期，社会动荡，末世预言风闻于世，被恐惧感笼罩的贵族纷纷修建起模拟西方极乐世界的寺院，祈求死后能往生极乐净土。而随着时间推移，至镰仓时期禅宗崛起，净土思想的影响力急速消弭，极具净土特征的泉池与阿弥陀堂或荒废，或被新的流派改造覆盖了原有风貌，留存至今的十分稀有。毛越寺便是这时代洪流中的一颗遗珠。

在天高气朗的清晨，覆盖着冬雪的毛越寺在阳光下有种出乎意料的魅力。原有的重要建筑金堂、讲堂、嘉祥寺、钟楼、经楼等仅残余基址，只能从竖立的迹碑中想象旧有轮廓。池北侧一座面阔三间的开山堂虽是后人复建，但可依稀看到其原本形制。开山堂采用非常少见的平安时代独特的校仓造结构（将原材锯成截面呈三角形的长材，突出的一侧朝外，平面向内，以井字形重叠构成四壁，地板较高，用柱子支撑），内有慈觉大师画像、藤原三代画像等。

东西长 180 米、南北宽 90 米的泉池是模仿大海而建的。沿池水漫步一周，可以看到教科书般丰富而精致的造园手法：筑山、石组、洲滨、遣水与点睛之笔——盘踞其中的池中岛。移步异景，山岳湖海仿佛全都幻化注入这微观世界之中。每次走进净土庭园，都会陷入一种莫名的欢喜，不知是否真有一种造园之术，能让来者深受眼前景观感染。

由岸线伸向池中的斜立石是毛越寺庭园的主石，有 2 米高，模仿大海上的蓬莱之岛。这块斜立石的造型所体现的美学意识对现代日本庭园产生了很大影响，重森三玲在创作东福寺本坊庭园时特以此为借鉴。

筑山石组运用多孔石头，营造大海冲刷礁石的景象，也是池岸周围唯一模拟"进入山中"的部分。这种孤山之岸的形态是日本早期枯山水的例子，区别于后期常见的白沙青苔枯山水样式。

毛越寺的遣水是平安时代唯一的遗构，约 80 米长的小溪将水注入池中，在蜿蜒的水路上，还特别设有引水、越水、分水等石组。

洲滨以平缓柔和的半岛样式伸入池中，是岸线最舒展优美的部分。原本为草地覆盖，因冬雪的原因只能见到轮廓的弧线。从洲滨南侧可以看到荒矶与斜立石，远处的池中岛与筑山石组景色相互错落。

池中岛及东侧池塘护岸采用小卵石铺设的手法，细腻而优雅。从毛越寺复原图来看，水面上原有一拱一平两座引桥联通池中岛，从南大门通向金堂，形成一条轴线，象征着从现世走向净土。与平等院金堂建立于池中岛的手法不同，毛越寺的金堂原位于南大门、池中岛轴线的对岸，仿佛是这座自然泉池中隐藏的净土世界。

如今，我脚踏残迹中，脑海却在想象八百年前的场景：自南大门腾起一条飞虹，穿越池中岛，到达对岸辉煌的金堂，水面莲花盛开，人人笑靥如莲，一派净土极乐之景。然而弹指间，藤原秀衡猝然离世，源赖朝兵临陆奥，此处的繁华灰飞烟灭，平泉遗迹，戛然止于历史的原点。

数百年后，松尾芭蕉来到毛越寺，留下一句兴叹："长夏草木深，武士当年梦痕。"

第三站：关山中尊寺

圆仁法师在日本东北所创立的天台四寺中，有两座位于岩手县平泉町。2011年，"平泉——象征着佛教净土的庙宇、园林与考古遗址"登录世界文化遗产名录，而它背后的故事要追溯到一千年前。

日本的平泉盛世起源于11世纪末，在结束了东北地区长年战乱后，藤原氏带来的安定约有百年之久。这期间平泉曾倾心打造大量模拟西方佛国的净土寺院，精妙而奢华。传至第三代，雄踞一方的藤原秀衡收留了逃难至奥州的源义经，为其提供庇护，因而遭到源赖朝来自中原的武力威胁。秀衡去世后，他的儿子泰衡不堪压力，背弃父亲的临终嘱托，决定刺杀源义经，这便是衣川馆之战。如今在平泉一个不起眼的小山丘上建有高馆义经堂，便是此战故地。

然而献上源义经首级的藤原泰衡并没有换来奥州的和平，数月之后，源赖朝依旧发兵北上，藤原一族随即覆灭，盛极一时的净土佛国如昙花一现，便匆匆被历史洪流吞没。之后的平泉町也未能再现可以比肩当年的繁华。今日我驻足于此，闭眼聆听，那风云一战的呼啸声依稀未曾走远。

中尊寺是天台宗东北大本山寺院，与毛越寺身世相仿，却更为幸运。虽然整座寺院已不复当年模样，但其中建于 1124 年的稀世国宝金色堂完好地保存至今。

日本人似乎对金色有着某种权势与审美上的沉迷，足利义满于京都兴建金阁寺，织田信长在安土城营造金顶，丰臣秀吉修建黄金茶室。这些历史上曾攀上权力巅峰的人物，不约而同地将黄金运用到极致，满覆城池楼阁，仿佛黄金的尊贵、奢华、恒久能够宣示他们的权力永恒不灭。然而讽刺的是，太过耀眼的金色反而招来更无情的命运，越想永恒，时间越是短促，隐居陆奥的金色堂反而成为唯一留下的金色遗迹。

和日本作家三岛由纪夫笔下美到令人嫉妒的金阁寺所不同的是，中尊寺的金色堂本身并不能一览无余，而是更富有神秘色彩。参观金色堂需要先进山门，走过山脚下长长的月见坂，来到供奉释迦如来的本堂，再沿山道，经过大日堂、峰药师堂、不动堂等几座密教特点鲜明的佛堂，最终才能在杉树林的掩映中得见金色堂覆堂。

如今的覆堂，是一座模仿木构样式的混凝土建筑，为保护金色堂而建。它将金色堂牢牢扣在当中，即便走到覆堂门前，金色堂依旧是隐秘而不得见的。这种罕见的建筑套建筑的形式，中尊寺古已有之，在山坡不远处立有一座建于 1228 年的旧覆堂，略有破败。在它"退役"前，曾保护金色堂七百余年之久。新覆堂的形式，便是仿此而建的。

参观流线上，与金色堂组合在一起的是赞衡藏，中尊寺中平安时代的宝物大多珍藏于此，可以饱览大量精美的佛像与佛具，还有真金写就的《中尊寺经》《绀纸金银字交书一切经》等。至此已无法拍摄，只能用双眼收录一切，而流线的最高潮便是最终走进覆堂得见金色堂真容。

与金阁寺等比例的真实尺度不同的是，金色堂更像一座工艺品，一座缩小尺度的金色阿弥陀堂。并且在整座建筑的金箔覆面之上，又密密地镶嵌着亮白色的螺钿纹饰，遍及梁柱与须弥坛，层次细密，极尽华丽，一派令人眩晕的净土世界胜景。不大的须弥坛中央安坐着主佛阿弥陀如来，左右各有观音、势至菩萨一尊，以及地藏菩萨各三尊，前排是增长、持国天王，皆鎏金打造，略带一点岁月斑驳。

在诸佛镇守之下的须弥坛内部，正中安置着金色堂的创立者初代藤原清衡遗体，左侧为二代藤原基衡遗体，右侧为三代秀衡遗体及四代泰衡的首级。小小阿弥陀堂内，藤原氏由极盛而覆灭的历史，竟皆囊括于此，横陈眼前，想来颇有些不可思议。

传说在旧覆堂未建之时，金色堂曾毫无保护地兀自屹立于山林之中，熠熠生光。即便暴露室外，它在我脑海中所呈现的画面也并不如金阁寺般灿烂眩目，而是在一天中光线极衰之时，透过密林隐隐反射出的神秘而荫翳的金色，犹如松尾芭蕉在中尊寺写下的意境："五月雨纷降，唯残一光堂。"

第四站：青龙山瑞严寺

四寺回廊的最后一站是仙台市松岛的瑞严寺。

仙台是日本东北重镇，因鲁迅先生曾在此学医而在中国人心中有别样的情结。松岛海岸是"日本三景"之一，游客往来如织。繁华之下，很难想象它其实是四寺中历史最早也是身世最为坎坷的一座。

828 年，35 岁的圆仁和尚结束了为期五年的笼山修行，走下比叡山，开始了日本关东、东北地区的巡行，并受天皇诰命，第一次在东北建立了天台宗寺院延福寺，取义为"比肩延历寺"，意义非凡。然而仅仅四百年后，在镰仓幕府时期，掌权奥州的北条时赖便驱逐天台教徒，更改寺名。进入日本战国时代（1467—1585）后，这里再经动荡，最终归为禅宗妙心寺派。

1604 年，关原之战结束，执掌仙台的伊达政宗开始精心复建整座寺院。建寺所用的木材砍伐于圣地熊野山，辗转自海上运输而来，足见其所花费的心血。新寺院最终由 130 名匠人历时四年完成，至此正式更名为瑞严圆福寺。在伊达家的庇护之下，瑞严寺一度规模宏大，拥有 110 多个末寺。虽然在明治维新后再次受到废佛毁释运动的冲击，如今所见依然是政宗时期遗留的模样。

现存的本堂御城玄关、库里回廊已列为日本国宝；另有重点文物御城门、中门及本堂内部 211 面壁障画，均继承了安土桃山末期的美学影响。为抵御岁月侵蚀，2008 年至 2018 年，瑞严寺开启了针对本堂及七栋建筑历时十年的平成大修理。2019 年来此的我，在时间上十分碰巧。

除去寺外的参道与洞窟，瑞严寺境内的格局其实并不大。一踏进寺门，视线便被库里的建筑造型所吸引，只见白色山墙上横列着层叠的黑色斗拱与精致的唐草纹木雕装饰。库里本是厨房，却远比正殿还要豪华，房顶上的烟囱竟也做了入母屋造的装饰，与建筑浑然一体。进入库里内部，游人可经过回廊直接进入本堂，欣赏最精华的 211 面壁障画。

鹰之间

松之间

文王之间

上段之间

本堂内部由十座大小方位不等的房间组成，分别为孔雀之间、佛间、文王之间、上段之间、上上段之间、罗汉之间、墨绘之间、菊之间、松之间和鹰之间，房间名字即壁障画的主题。除了罗汉、墨绘两间以外，皆金色打底，璀璨不已。游人兜转一圈下来，无不迷醉在桃山艺术令人幻惑的金银装饰之风中。

有趣的是，乍看之下浑然一体的壁障画其实是由桃山时期水火不容的狩野派与长谷川画派分别完成的。其中佛堂前正中的孔雀之间出自狩野左京之笔，右手罗汉、菊、松与鹰四间是左京弟子的作品，这几间的共通点是图面饱满而色彩浓烈，孔雀与鹰的意向张扬而华丽。而左手的文王之间、上段之间、上上段之间则由长谷川等伯的门徒长谷川等胤完成。其中上段之间是当年伊达政宗及其后历代藩主的房间，设有精致的壁龛与火头窗，虽施金为底，内容却是文雅的梅、竹、飞天与牡丹，用笔细腻，画面因少量留白而雍容内敛。其外侧的文王之间以中国历史上的周文王和吕望相遇为主题，比狩野派的花鸟主题更具内涵。

四百年后的今天，我无法考证当年两派画师是如何在这狭小空间中同场竞艺的，且听笔墨隔墙的诉说吧。

出寺门向海边漫步，还会经过一片洞窟遗迹群，无数佛像、五轮塔被供奉于此，又被称为"奥州高野"。有传说这些洞窟是天台宗徒挖掘的，但如今能找到的最老的供养塔仅始自江户时期（1603—1868）。行至洞窟群末尾，见一座巨大的鳗冢，细看原来是多家水产公司共同出资为鳗鱼所立的墓碑，心下一紧张，跟着也悼念起吃过的鳗鱼饭来。

攀过寒山孤寺，也亲见平泉唏嘘，我的四寺之行最后就在这浓浓的尘世幽默中淡淡结束了。

3

民宿
居酒屋

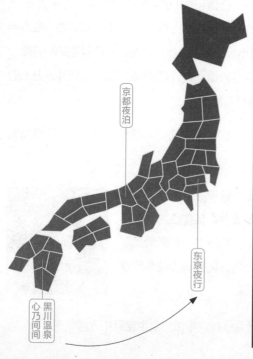

京都夜泊

心乃间间
黑川温泉

东京夜行

●法观寺八坂塔位于京都东山区，塔高 46 米，是东山区的景观象征。

●黑川温泉位于阿苏山北边，阿苏山位于日本熊本县东北部，是熊本的象征。

●心乃间间是日本熊本县南阿苏的一间旅馆，仅建有 10 间客房，却是由建筑师大森创太郎设计的，每间客房都与大自然浑然天成。

●东京是日本首都，位于日本关东平原中部，是面向东京湾的国际大都市。东京的各式酒吧为人们提供了丰富的夜生活场所。

京都夜泊 / 八坂塔下的町屋

当我们谈起日本的传统建筑时，几乎都要从五重塔开始起笔，日本的文艺作品也曾对它不断吟咏。

小说家幸田露伴笔下迷离的飞檐伴月、勾栏夕日，书写的正是对日本现存最古老的、营建于 6 世纪的法隆寺五重塔的念念之情。而京都东寺的五重塔，也常常被作为城市的象征。这种源于宗教的祭祀建筑，便是传统城市天际线中的"摩天楼"——既是构图中不可或缺的一环，又令人心生崇敬与归属之感。

于古城深巷体验最传统的和式民居，不知是多少旅人来到日本时心中的遐思。我也未能免俗地怀着这样的期待再踏京都，并从各具特色的茫茫民宿中挑选了最心仪的一家——与塔为邻。

夕阳中的东山，鸭川的水与樱花之畔，聚集着这座古城太多的昔日繁华。滚滚人流自祇园而来，沿着条条石板径，向音羽山脚下的清水寺迢迢而去。而俯视这一切的，正是法观寺八坂塔。

法观寺八坂塔在京都诸多庙堂之中绝对算不上最知名的目的地，但它的身姿却常常出现在最具感染力的古城摄影之中，被喻为"东山的象征"。

这座相传与法隆寺同属圣德太子年间（574—621）草创的伽蓝大寺，如今的建构是于1440年室町时代（1336—1573）重建的。历经岁月与战乱侵蚀，寺中原有格局的殿堂已经不存，只剩一座五重塔与东山的市井沿街并立。没有高墙，没有回廊，曲折石板引人径直走到五重塔底，触手之外便是町家——好一个大隐隐于红尘。

街市、町屋与古塔的完美映衬，在京都仅此一处，这也是摄影师的取景框总对它青睐的原因。

脚下塔畔的巷道因塔得名"八坂通"，它连接着极负盛名的二年坂与三年坂，它们因保留着传统街道生活体验而被游人深爱。密布石板阶梯的三年坂，本是一段通往祈求平安生产的子安塔（泰产寺）的参道，故又名产宁坂。

东山区的产宁坂，与祇园新桥、嵯峨野鸟居本、伏见城下町三处同被收录为京都传统建筑群保护地区。他们引以为傲的，是保留着始于江户时期的京都特有的民

居形式——京町家。但这些木构民居因为维护困难，正以每年推倒 500 座的速度日益走向衰亡。即便作为古建筑保护典范的京都城，依然要面对现代化的侵蚀。

但此时此刻，被簇拥在这一隅历史段落的意境中，抬眼见到左右恬淡经营的清水烧、细竹工、茶道具、古董品店，仿佛一切古意在八坂塔的庇护下从未走远。

今晚宿泊之处，正距塔身十步之遥。

预定的民宿是八坂通上一栋独立町屋，接待服务设在五条通上另一处更大的旅店。办理好手续拿到房门密码便可自由出入。首次入住时，店家贴心地引路护送。

町屋门口一个黄色的牌子写着"花とうろ 八坂の塔"，翻译成中文是"花灯路八坂之塔"的意思。猜想名字大概来源于每年三月中旬京都举办的"东山花灯路"活动由此经过。在此期间，产宁坂一带会放置 2400 座露天方形座灯，青莲苑、高台寺、八坂塔、清水寺及沿路各处会被一一点亮，仿若梦幻。日本人似乎喜欢用"点灯"来做一项仪式，固执得只在流年片刻中珍惜点亮瞬间的美景。可惜今日并不逢时，美景只能凭借想象。

进入屋内，见两层布局，迫不及待拾级而上，推开和室的门，见那座八坂塔的确在不远处伫立，方才感到心安。町屋老板在一旁微笑，继而耐心地介绍起这座精心布置的町屋。

一层是和洋混合风格，于临街处围有一座日式庭院，与街道呼吸相闻，却又存有视线的隐私。

客厅内用一组现代沙发配和式装饰，产生一种风格对撞形成的鲜明印象。

客厅对面的电视柜上布满老板收藏的碟片与黑胶唱片，以及关于京都园林的书籍、画册。随手翻开一册，便是枯山水。老板挑选一碟，整座町屋顿时飘扬起优美的乐声。

餐区由小的料理台和高脚椅组成，台板下隐藏了水池。杯盘与厨具整齐排放在抽屉里。晚间不禁从便利店带回牛肉、零食和啤酒，自己做起饭来，不负这一场华丽装备。

卫生间与浴室相互分开，整洁干净而舒适。现代的洗烘一体洗衣机与传统的浴池被熨帖地组合在一起，浴室中还有专门丢弃使用后浴巾的暗格子，一切都力求整洁。

二层是卧室，有和室榻榻米与洋式大床两部分，由推门分隔开，最多可以容纳5人的空间此时略显奢侈。和室里，极具日式风的衣架与镜台放在一隅。推开玻璃门，小小的月见台（类似阳台）又给了居室呼吸的空间。

在我以为此居种种已一目了然之时，又被老板引到卧室的最内一侧，见一个小脚凳摆在窗下。直到他打开窗扇，我才发现此处别有洞天——钻出窗户踏上一个木造平台，眼前是通往屋顶露台的阶梯。

这个天台可算是町屋最大的惊喜。踏上屋顶的那一刻正是黄昏，八坂塔就矗立在眼前。鳞次栉比的町屋在左右铺陈——这些从江户时期一路接续到近现代的老宅，历经了逐年的修葺，仍和谐地簇拥在一起。目光越过脚下的蜿蜒街巷，于晚霞中可一直眺望到清水寺。

此时老板鞠躬告辞，留下我独享安静的京都时光。

第二天我起了个大早，京都下起细雨。我坐在和室的窗口喝茶，看脚下有三三两两的游客撑伞穿过，而沿路的商家还未开张，街巷十分安宁。对面的一户茶室，有着很大的庭院，墙头正露出一枝灿烂的樱花。能如此借景，我心怀感激。

京都的町家，是传统样式的临街木造屋。通常以二层为主，少有三层或平层。最早的町家主人是日本商人和手工业者，前面开店，后面居住。这种使用方式导致宅基地临街的一面很窄，而进深很长，故而又被称为"鳗鱼居"，后期也有了只作居住用的仕舞屋。

从外观形制上分类，明治末期到大正时期（1912—1926）建造的样式总二阶是如今最常见的类型。年代相对古老的江户时期特有的二层低矮的厨子二阶已十分少见。而建筑不直接临街，用围墙包围的大塀造在产宁坂亦随处可见——以此闻名的石塀小路已经比肩花见小路，成为在京都东山区必须要体验的风情。

如今我们如此辨别京町屋，其最经典的特征是红色的京格子、虫龙窗，以及墙角处用竹子做成的弧形的犬矢来，据说用来防止雨水和狗狗弄脏墙角。

当然仍有一些町屋难以轻易地从外观判断出其典型的时代特征，我猜想或许是在历年修葺改造中融合了折中的风格，便如这家近年刚经过改造而成为民宿的花灯路町屋。但是，能将现代化的舒适家装与更新颖的功能引入传统町家，或许也是一条延缓其走向消亡的途径，对此我们未得而知，只能拭目以待。

告别花灯路，一路行至高台寺、清水寺，回头亦能遥望到远处的八坂塔。

又想到我们的首都北京，那些已经被新肌理颠覆的传统胡同里，是否能有这样一个清晨，可以让我从鸽哨中醒来，在窗边看连绵的院落与灰瓦，以及那矗立的钟鼓楼。

厨子二阶

总二阶

仕舞屋

大塀造

黑川温泉 / 森林深处的温泉乡

九州中央，阿苏山北，有关黑川温泉最早的传说从一千年前的丰后国开始流传。一名贫苦男子为了生计进入瓜田偷瓜，被愤怒的农场主抓住，当场砍去了头颅。此时男子长期供奉的地藏菩萨显灵相助，让掉落在地上的头颅变成了地藏菩萨的头。之后有僧侣携带着地藏头回熊本祭奠，行至黑川乡时地藏头突然开口说话，要僧人们将其葬在此地。于是地藏菩萨从此成为这里的守护神，保佑黑川乡的地下永远流淌着温泉。

一直到江户时期，住在熊本城的城主大名们仍旧不辞车马劳顿，时常来到黑川享受上等的温泉。如今又过了数百年，当箱根、登别、由布院这些温泉乡纷纷建起了新干线喜迎世界各地游客的时候，黑川温泉似乎仍然和江户时期一样，依旧安静地坐落在阿苏火山和九重群峰中间的森林峡谷中，静静等待着熊本城的客人跋山涉水而来。

黑川温泉四面环山，距离最近的村镇南小国町也有超过一小时的车程，只有一条442 号国道可以到达这里。而温泉乡的入口处也仅有公路旁一块毫不起眼的小招牌标识。由于位置隐蔽、交通不便，黑川温泉从来没有旅行团造访，这里的 30 家温泉旅馆也都只接待散客，因此大部分客人都是从熊本或是由布院出发，驾车或者搭乘每日两班的九州横断巴士前来。

相比于南阿苏温泉的田园、牧场和村落风光，海拔 700 米的黑川温泉更加古老而人烟稀少，四周满是崇山峻岭。温泉街背后有一条湍流的山泉溪水，黑川因此而得名。温泉街虽小，却十分精巧，除了旅馆之外，还有别致的咖啡馆和小商铺供游客休息。温泉街的中心有为游客提供的向导地图，按下写着旅馆名字的按钮，在大地图上便可以显示位置，同时可以查找当晚仍有空房的旅馆。

温泉街上的旅馆规模都非常小。梦龙胆算得上是黑川最大的一间温泉旅馆了，1993 年进行了最近一次的翻修，本馆、别馆加起来共有 23 个房间，所以这里也自然而然成为许多预订不到心仪酒店的客人的第二选择。其实梦龙胆的水准并不逊于其他旅馆，一泊两食的人均价格在 15000 ~ 20000 日元左右，除了大浴场、露天、室内的标准温泉配备外，还有足汤、岩盘浴（热石）和家庭浴池，在和式房间里可以清楚地听到湍流的溪水。晚餐则是主打肥后牛（熊本地区产，熊本古称肥后）的 13 道会席料理（以酒为中心的宴席料理），可以选择在餐厅或是自己的房间里用餐。

相比于梦龙胆，仅有 8 间客房的月洸树要豪华不少。每个房间有着不同的设计理念和一个留给客人想象空间的名字，如风待、弓张、十六夜等，房间的庭院中也都配备了超过 30 平方米的巨大露天温泉。"洸"字最早出自诗经中的《邶风·谷风》，形容在日月光辉的照耀下水波荡漾而闪闪发光。每到夜晚，坐在房间里便可以看到月光洒落在山脚下黑川溪流里的样子，月洸树名不虚传。

　　拥有 16 间客房的山河规模介于梦龙胆和月洸树之间，位置十分隐蔽，店主的理念是要建造"一个可以和自然对话的不可思议的空间"。山河或许是黑川温泉最幽静的一间旅馆，从温泉街出发，需要沿着河边的山间小路步行数百米才能到达，如果不仔细观察，即使走到面前也很难发现藏在茂密树林中的山河。旅馆内部由数间纯木质的建筑组成，在露天温泉旁还有一间十分传统的居炉裹（日本传统民宅中用于炊事和取暖的设置）小屋，供前往露天温泉的客人们中途休息和取暖。

　　九州算不上是日本旅行的热门目的地，而在九州又有太多比黑川温泉知名度更高、交通更便利的温泉乡，这也造就了黑川今天隐秘、古朴而又精致的样子。如果想要避开人群，安静地在大自然中享受温泉，那么阿苏山北森林里的这块被地藏菩萨保佑的土地，或许是一个很好的选择。

心乃间间 / 南阿苏秘境隐居

"秘境"在日语中的意思和汉语类似，用来描述人烟稀少、景色优美的地方。在日本人的生活哲学里，每年夏休和各种三连休的旅行度假是绝对不能少的，再加上他们对自然风光和私密安静的独特癖好，于是一个个秘境往往都别有洞天，藏着许多精致的小旅馆。

心乃间间便是阿苏森林秘境中一处完美的隐居之所。

阿苏火山群位于九州的中部，号称日本乃至全世界最大的火山群，其中最高的五座火山被称为"阿苏五岳"，因此熊本县也得名"火之国"。离开熊本市几十千米，便进入了火之国古老的大森林。

心乃间间位于人口只有 5000 人的长阳村。2005 年，阿苏火山南部的长阳村、白水村和久木野村合并，已经达到了町的人口数量要求，但为了显得更贴近大自然，所以沿用了"村"的称号，一并被称为"南阿苏村"。

从熊本出发，经由立野换乘南阿苏铁道，乘着单轨单节车厢的火车进入南阿苏的深山老林，几分钟后便能到达长阳车站。

长阳是一个无人售票站，乘客下车出站时自觉将车票和零钱投入到站台上的箱子里。不过在这个便利店和自动贩卖机盛行的国度，即使是无人售票站，自动贩卖机还是少不了的。

长阳村是阿苏群山中难得的一片平地，有着大量农田，以种植水稻为主。即使是乡下，街道上仍然出奇的干净，田间随处可以看到村民世代相传的古宅，充满历史感。

穿过长阳村，便能见到一片高耸茂密的森林的入口，不要犹豫，径直走进林中，森林尽头便是秘境里的旅馆：心乃间间。

占地 23000 多平方米的心乃间间只有 10 间客房，即便在温泉旅馆里也算是小规模了。每间客房都是独栋，在正面看起来像是一个个小山丘，仅有一扇小门通往房间内部，像极了霍比特人的小屋，与自然融为一体。

心乃间间一共有 4 种不同设计的客房，每一间客房都配备了露天或者半露天形式的温泉。客厅的正面是一整面落地玻璃墙，可以望见久木野村以及对面山上来自其他温泉旅馆的袅袅炊烟。玻璃墙外是一个铺满细石子的小庭院，在门外已经摆放好两双拖鞋，供客人在户外散步时使用。

走出房间的庭院，从另一面看，心乃间间的建筑其实修得十分现代。日本人非常重视隐私，并且不喜欢被打扰，所以两幢客房之间有一堵突出的长墙，将两个庭院隔开。在庭院的边缘则种上一圈植物，以免走出自己的范围，误入他人"领地"。

除了房间内的半露天温泉，心乃间间花园最深处还有一个贷切式（可以预约包场）的露天温泉，供客人使用。它的独特形状以及在花园中所处的位置，无疑是整个旅馆的核心。露天温泉紧靠着山坡，面朝斜坡的一侧是没有遮挡的，阿苏火山群和整个南阿苏乡村风景在此一览无余。

从庭院回望，看到的是心乃间间旅馆纯木制的主建筑，提供大堂服务和餐饮。想必馆主一定特别钟爱巨型的落地玻璃窗，主楼二层的休息区也和客房一样有着十分开阔的视野。而整个一层是 10 个独立的小餐厅，供客人享用晚餐和早餐。

每间餐厅门口都挂着对应的客房的名牌，不需要带路也能找到就餐的地点。工作人员也会预先按照入住客人的人数准备好餐具和座位。

小餐厅的落地窗和庭院是连通的，推开门即可回到庭院中休息散步。就餐完毕之后，也可以不通过大厅，直接从这里回到自己的房间。

无论晚餐还是早餐，菜单上都会清楚写明每一道菜的做法和原料，甚至还有产地，最后附上日期以及厨师的大名。这似乎已经成了日本温泉旅馆的行业标准。心乃间间也会按照季节主推不同的时令料理，这里的晚餐基本以日式和西式结合的融合菜为主，总共有六七道，分量十足。

第二天早上则是传统的日式早餐，用烤鱼配上酱菜、米饭、紫菜和味噌汤。

无论从历史、规模还是奢华程度来看，心乃间间都算不上十分出众。但就和许多小型温泉旅馆一样，馆主用心的细节在酒店里随处可见，只为能让客人舒适地在南阿苏的秘境里度过一段安静祥和的时光。

最后聊聊这间酒店的历史。心乃间间的前身是熊本市的滕江旅馆，由馆主的爷爷滕江甚吉在 1924 年建成，在之后的五十年里由一间小旅馆慢慢发展成了拥有 3 座建筑的滕江酒店。直到 2008 年 5 月，九州新干线在熊本落成开通，而滕江酒店所在的区域也从此开始被改造重建。两个月后，滕江家的继承人决定来到南阿苏的乡间，在久木野温泉旁修建心乃间间来延续滕江旅馆的传奇。一百年前，位于九州最大城市熊本中心的滕江旅馆带人看尽繁华；如今，心乃间间却隐居在群山里，将人们带回了森林中的秘境。

东京夜行 / 最潮的酒吧

有人说，城市规模、经济水平和文化的多元性决定了一个地方夜生活的丰富程度，那么东京就注定会成为夜行人的天堂，除了樱花、美食和摩天大楼之外，这里还有最好的酒吧和最潮的年轻人。

虽然我始终认为在日本度过夜晚最舒服的方式，应该是和三两好友在热闹的居酒屋里享受海鲜、烤串和啤酒，但唯有在东京，夜晚是永不停息的。从涩谷到新宿，从六本木到上野，从午夜到凌晨，这座城市里有太多美好的酒吧，让人无法错过。

除了居酒屋，东京的酒吧可以大体分为四类。一是"Pub"，是纯粹以饮酒、聊天为主题的场所，酒的品类很齐全，价格也最为实惠。二是"Cafe"，比 Pub 的规模更小，酒的种类也不多，通常以优秀的唱片和各种文艺主题的聚会吸引人，也是各国旅居东京的"派对狂"们最喜欢的聚集地。三是"Lounge"，高档酒吧（我不清楚是否有"沙发酒吧"这种翻译），往往开在豪华酒店里或是拥有无敌窗景的大厦顶层，精致的灯光和窗外的风景或许可以让手中的日本威士忌味道更加浓厚。四是"Night Club"，夜总会里的东京是另一个东京，你完全感受不到平日里日本人的严谨和拘束，可能这里才是这座城市中最热情的一面吧。

Pub：爱尔兰酒吧（Hub）

毫无疑问，爱尔兰酒吧（Hub）是东京最有名气的酒吧，在全日本总共有 100 多家分店，其中 80% 开在日本首都圈。这么大规模的连锁酒吧在世界范围都是非常罕见的，爱尔兰酒吧在远东的日本得到发扬光大，也是一件十分有趣的事情。

Hub 是标准风格的爱尔兰酒吧，层高很低，一般开在首层或者地下室。室内则是统一的红褐色木质的墙壁、地板和台面，外加绿色座椅和超长的木质吧台。每逢体育赛事，Hub 都是整个东京人气最旺的地方，我有幸在这里见证了切尔西点球击败拜仁慕尼黑如愿取得了欧冠冠军的情景。

Pub：300 酒吧（300 Bar）

这也是一间连锁酒吧，三间分店均开在银座，分别在银座三丁目、五丁目，以及有乐町，另一个名字叫作"银座酒吧"（Ginza Standing Bar）。顾名思义，300 酒吧的特点是所有食物饮品的价格都是 300 日元（约合 17 元人民币），这种价位在浮夸的银座绝对算得上是"业界良心"。光顾这里的客人大多是在银座地区上班的白领以及少量旅日的欧美游人。

300 酒吧一般开在地下室，灯光比 Hub 更暗，音乐的分贝也更高，大部分客人都是站立饮酒的，整体氛围极好。这里的系统也很简单，入场时购买饮品券（300 日元一张），在吧台买酒或者食物的时候只需使用饮品券即可，省去了数钱找零的过程，使得效率提高了不少。即使如此，酒保面前仍然持续保持着十几人的队伍。

Cafe：心跳咖啡馆（Beat Cafe）

这家隐蔽的小酒吧开在涩谷中心的一座地下室里，是一间名副其实的盖金酒吧（Gaijin Bar），也是旅日外国青年们社交的中心。无论你是在 AEON（日本永旺公司）教英文，还是在麻布十番的使馆区工作，抑或东京大学的留学生，这里都是一个让你暂时逃离日语世界的地方。音响里永远放着美国 20 世纪 80 年代的唱片，有如时空穿梭。

Cafe：节奏咖啡馆（Rhythm Cafe）

节奏咖啡馆开在涩谷的街头，和心跳咖啡馆类似，光顾这里的大部分是国际游人，确切地说这里是有文艺气息的国际游人们的社交场所。这里每周都会有不同主题的时尚聚会，据说《VOGUE》杂志的编辑们也会经常到场。我有幸参加了一次音乐主题的聚会，看着几位知名主播轮流在复古的混音机上拿着电话听筒认真地调音，确实比夜店里头戴 Beats 耳机敲打 Macbook Air 的混音师们多了几分优雅。

Lounge：XEX 爱宕绿丘（XEX Atago Green Hills）

其实在东京，每一家五星级酒店的顶层都是一间高级酒吧，而在此推荐爱宕绿丘的原因是，唯有这里才能在最近的距离，以完美角度欣赏东京铁塔。

XEX 集团是 Y's 旗下的高档餐饮品牌线，聚集了多位米其林大厨，而爱宕绿丘则是日本建筑泰斗森稔设计的文化、居住、商业综合体，由爱宕绿丘森大厦和爱宕绿丘森林塔两座大楼以及中间的曹洞宗青松寺组成。

XEX 的这间高级酒吧和意大利餐厅塞尔瓦托·库莫（Salvatore Cuomo）连为一体，酒吧区的中央是一棵精致的植物，定期更换。植物四周由多组风格各异的沙发、高脚桌、窗边座和吧台组成，巨型的落地窗外便是十分壮观的东京铁塔以及远处新宿的高楼大厦。

Lounge：汐留城市中心

除了宫崎骏大钟、芝公园、筑地海鲜市场和开往台场的海鸥号，汐留还有着无敌的窗景和丰富的夜生活。汐留的酒吧大多开在汐留城市中心和汐留大楼（Caretta）两座大楼的顶层。在这里尤其推荐汐留城市中心的 41 层和 42 层，有近 10 间高水准的餐饮店和酒吧，其中雄伟（Majestic）和黑桃（Spade）两家，无论环境还是景观都可以媲美豪华酒店，价格也十分划算。

Night Club：V2

六本木新城是东京名副其实的夜行人天堂，一个人群密度在午夜达到最高峰的地方。V2 则是整个六本木诸多夜总会中的佼佼者，且入场比较严格，除去 3500 日元的入场费（含两杯酒）之外，还要求男士穿着长裤且不能有文身。V2 原名叫"Vanity"，后改名为"V2"，读作"V 平方"。V2 或许是整个六本木环境最好的酒吧，占据大厦 13 层整层，落地玻璃连成一圈，所有方向都有十分出色的景色。由于空间十分宽阔，V2 可以容纳超过 700 人，内部分为沙发区、站立区、吧台区和包房 4 个区域，中间是一个类似拳击擂台一样的大型舞池，十分抢眼。V2 也是明星最喜欢的酒吧，巴西球星内马尔也曾造访，日韩明星更是常客。

Night Club：伊藤步（Ageha）

伊藤步在新木场，是一间开在东京东南部海边郊区的夜总会，每天由免费的穿梭巴士接送客人来往于新宿、涩谷和新木场之间。白天的伊藤步时常举办各种音乐艺术活动和演唱会，从远处看上去就像是海边的一片白色仓库。如果说可以容纳 700 人的 V2 已算十分惊人，那么伊藤步的一个竞技场舞池区域便可以轻松容纳 2400 人。这座巨型夜总会总共有 7 个区域，除了竞技场外，水区是一个带泳池的户外二层舞池，岛区摆放着 20 米的超长吧台，包厢区则是充斥着迷幻光线的地下区域，此外还有沙滩、公园和美食区三个露天区域为大家提供充足的休息空间。

夜晚的新木场四周一片空旷，只有海湾、仓库、泳池、沙滩和音乐。远离城市的伊藤步像是一片乐园，就像《了不起的盖茨比》中的那座海边彻夜狂欢的城堡。

4

边走边看

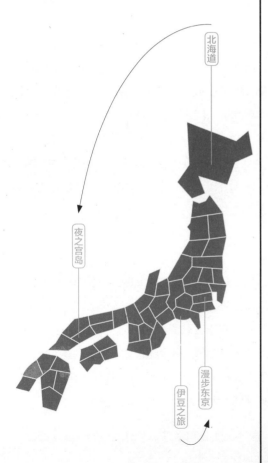

北海道

夜之宫岛

伊豆之旅

漫步东京

● 北海道是日本 47 个都道府县中唯一的道，是日本除了本州以外最大的岛，也是世界面积第 21 大岛屿。

● 大鸟居是严岛神社的建筑，是"日本三景"之一。严岛神社位于广岛县西南部宫岛，于 1996 年被列入世界文化遗产名录。

● 伊豆位于静冈县东部的伊豆半岛及东京都的伊豆诸岛，有丰富的自然景观和悠久的历史文化，是日本的旅游胜地。

● 东京是日本首都，位于日本关东平原中部，是面向东京湾的国际大都市。东京的樱花亦是盛景。

北海道 / 广袤原野上的农场与小屋

北海道，"令人心情舒畅的夏的凉爽，覆盖城镇的雪的洁白，无边无垠的原野的广阔，外地人异口同声的赞叹"，日本作家渡边淳一曾这样描述他的故乡。

"道"作为行政区域划分始于中国汉代，专门用在偏远地区。随着交通逐渐发达，北海道便成了日本"一都一道两府四十三县"中最后的"道"，是日本人心中真正的"诗和远方"。

每到七八月份，富良野和美瑛的田间便盛开海洋般的鲁冰花、郁金香、薰衣草和向日葵。蓝天白云、一望无际的旷野和乡间五彩的花田，组成了北海道最绚丽和独一无二的夏天。

北海道中部多山，富良野和美瑛便是一个四面被十胜岳、芦别岳、夕张岳和大雪山包围着的平原地区。由于常年远离城市和人群，在这里甚至时间都变得十分缓慢，就连 JR 铁路往来富良野和美瑛之间的观光列车都叫"Norokko 慢车号"，吉祥物则是一只乌龟。

每年的七八月份，在中富良野站和上富良野站之间会多出一个叫作"薰衣草花田"的神秘小站，而 Norokko 号便会在这里停靠。从花田站出发便可前往梦幻般的富田农场、北星山町营薰衣草园和彩香之里。

富田农场是富良野地区规模最大、历史最悠久的一座农场。早在一百年前富田家的先辈便在这个可以眺望十胜岳连峰美景的地方种下了第一株薰衣草。今天富田农场已经拥有了风格各异的 6 块花田：花人之田、倖之花田、春之彩色花田、秋之彩色花田、彩色花田和传统薰衣草田，每一块田野都有如梦幻一般。

和富田农场一样，彩香之里同样是富良野的旗帜，电影《60 岁的情书》便是在这里取景的。花田占地 6 万平方米，因为主人姓佐佐木，所以这里又名"佐佐木农场"。彩香之里的坡度很高，在花田的最顶端有一个瞭望台，可以观赏到中富良野大片的农田，以及远处的十胜山脉。在这里不但可以买到新鲜收割的薰衣草，还能自己动手体验在田间采摘薰衣草的乐趣。

风之花园是同名电视剧《风之花园》的取景地，也是仓本聪"富良野三部曲"的最终篇章。这座英式的花园由园艺家上野砂由纪打造，由于北海道的气候非常独特，所以在风之花园里可以看到许多不同季节的花同时绽放。

风之花园旁便是由导演亲自设计的森林精灵的阳台，以及由森林中数十间小木屋组成的漫步道。其中最有名的是一间叫作"森之时计"的咖啡馆，这里也是日剧《温柔时光》的取景地。这座三角形的纯木小屋就这样做着森林的时钟，守护并记录时光的温柔流动。

超广角之路又称"景观之路"，虽然农田并不密集，不过由于美瑛南部有许多平缓的丘陵，位于丘陵上的超广角之路有着极其开阔的视野和极强的层次感，高低起伏，是北海道最适合自驾的一条道路。而新荣之丘在山坡上可以展望整个十胜岳的公园，被人们所记住的往往是路边那个稻草卷人。

北海道是真正的远方，这里并不热闹，看不见城市和人群，唯有无边无际的森林、旷野、花田、丘陵上蜿蜒的公路和农场里堆起的麦穗卷。可以说，北海道是另一种心情，另一种生活，另一种世界。

夜之宫岛 / 伴着星辰拜访大鸟居

踏上宫岛的傍晚，夜与星辰都刻在记忆里。

电车停在宫岛码头时，仿佛能在夜风中感受到白天熙熙攘攘的气息。跟着一位披着风衣的大叔熟稔地过街、下电梯、穿地道、登上渡轮，宫岛就在海的对面。

一路的忐忑期待，电车里广岛人把酒谈天的放肆热闹，此刻都随着离岸起航的水波推向昨日。在漆黑的天与水之间，泛起一点红色的亮光。脑海中遐想着的那座屹立海中的大鸟居，就这样遥远地与现实相印。

选择在这样的夜色里上岛的人并不多，码头的灯光格外冷清。即便拖着疲惫与冷寂，放下行李的那一刻，仍是一心向大鸟居奔去。

因为是岛的地势，脚下几乎没有平坦的街。从巷道中感受到整座岛仿佛在沉睡，甚至能清晰听见自己走路的声音。经过一座门脸极小的寺院，突然狭路跳出一个黑影，它伸了伸脖颈——宫岛的鹿，就这样在一个"人"的领域里，毫无预兆地与我撞见。

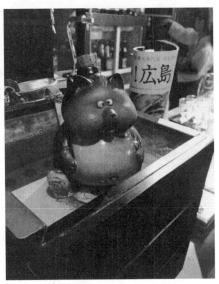

我停下脚步，收起赶路的狼狈，如千寻步入神隐的世界一般。眼前的鹿不像奈良那样趋人，却也无畏，停了几秒，在我扑扑的心跳还未平复之际，它便扭头走进黑暗里了。

这便是宫岛呀。我心底的兴奋，一点一滴地蔓延出来。

走过半条街，在放弃对食物的期许时，我忽然看到挂着"营业中"牌子的一个小门，灯光氤氲照人。能收留此夜孤寂的我的深夜食堂，如电影桥段般令人感动地出现了。

锦水馆，说不上人声鼎沸，却有模有样地经营着，仿佛与外面沉睡的岛屿循着不同的作息表。我怀着极大的幸福感落座，点了一份广岛特产牡蛎便当与鳗鱼便当后，目光停留在菜单中酒的一页。彼时对清酒一窍不通的我，看到了特别推荐的"男三杯"与"女三杯"试饮，便好奇心使然地觉得它们便是今夜的酒了。

过了片刻，酒与颜色翠绿的枝豆一起上桌，每三杯酒装在一个木制的托盘上，浑圆中带一点随意的玻璃杯高矮不同，有种洗脱现代工业气息的美感。酒色清却暖，晶莹剔透满溢杯中。女三杯分别是"龙势""雨后的月""富久长·美穗"，男三杯为"宝剑""贺茂金秀""贺茂泉·朱泉"。看这些抑扬的名字搭配在一起，只觉隽永。

告别锦水馆，我执着地造访了大鸟居。

鸟居是类似牌坊的日本神社附属建筑，主要结构由两根柱、柱上的笠木和岛木以及贯组成，不同地方和不同作用的鸟居有着不同的造型。一般来讲，鸟居代表了神之领域的入口，用于区分神域和人世。

大鸟居所附属的是严岛神社，大部分建于 12 世纪，是"日本三景"之一。建筑物以红色的回廊连接，将正殿围在当中。大鸟居也是一样的朱红色，以楠木为材质，高约 16 米，上梁 24 米，耸立在宫岛神社前约 200 米的海中，是宫岛的标志性景观，更是日本的著名景点。

由于修缮工程还未完毕，它一只脚被围栏包裹住，好像残缺了一片的美好，在包裹之外其余部分的朱红色，还那样静谧地站立在海里。事实上，自 1875 年建成以来，大鸟居已经历了 8 次重建。

鹿无处不在地走过。几个人静静坐在鸟居前，或许他们与我一样，都刚刚在这一片神隐的森林里遇见了特别的美好。

在宫岛的两天两夜，我会在各种时分忽然对大鸟居产生神往，然后走向它，回望它，看到晨曦中的光芒，阴雨中的萧索，如图腾般摄人心魂，如初次相见般令人期许。

伊豆之旅 / 追寻川端的脚步

川端康成在《我的伊豆》里说，伊豆是诗的故乡，是日本历史的缩影，是南国的楷模，是所有山色海景的画廊。整个伊豆半岛就是一座大花园，一个大游乐场。半岛上遍布火山、温泉、高原、森林、熔岩海岸、海鲜、土特产，复杂的地形孕育出变幻的四时风物，到处都有自然的馈赠，又富有美丽的变化。从东伊豆充满艺术气质的小镇，到南伊豆"黑船事件"的发生地，再到中伊豆川端康成笔下的天城山步道和修善寺，以及西伊豆古老的温泉乡，伊豆半岛的人文历史气息不逊色于任何地方。

还犹豫什么呢，一起出发吧。从东京乘坐东海道新干线，在热海换乘伊东线，到达伊东后搭乘伊豆急行线，来一场无法忘却的伊豆铁道之旅。

伊豆急行铁道从东伊豆的入口伊东开始，沿着半岛东面崎岖绮丽的海岸线，一路经过城崎海岸、伊豆高原、伊豆北川、片濑白田、河津等度假地，绵延至伊豆半岛最南端的下田。沿途亲吻着海岸的黑潮、茂盛的植物、陡峭的岩壁、漆黑的隧道，这些景致不断闪现，是铁道迷们不可多得的铁道旅行的经典路线。

"急行"是日本火车行驶速度和停站数量的标准级别，比"普通"列车稍快，比"特急"和"新干线"慢许多。伊豆急行铁道从 1961 年运营至今，曾经的急行已经变成了慢生活。川端斯人已逝，只剩下行驶于山林间的火车，海景安谧，与世隔绝。

城崎海岸是周游东伊豆不能错过的第一站，是约三千七百年前天城火山山脉和大室山火山喷发时流出的熔岩冷却后形成的里亚式海岸。东伊豆的海水异常湛蓝，再加上阳光和黑色礁石的衬托，当海水拍打海岸溅起白色浪花的时候，俨然一幅色彩对比强烈的风景画。

城崎海岸的下一站便是伊豆高原，东伊豆的精华所在。这里得天独厚的自然风光加上闲静气氛，吸引许多人来兴建别墅、山庄。在清凉的山风里泡一场森林浴，说不定还能跟调皮的小松鼠不期而遇。森林中还隐藏着上百家别具特色的美术馆、博物馆、作坊、咖啡厅和餐馆，因此许多人会选择在伊豆高原慢悠悠地闲逛一天。

比如泰迪熊博物馆，从有着一百多年历史的泰迪熊古董到最新相关艺术作品一应俱全，带小朋友的爸爸妈妈们不要错过哦。还有伊豆八音盒馆，收藏了来自世界各地的精美绝伦的古董八音盒，亦可提前预约手工体验，而专卖店里的礼物则是女孩子们的最爱了。除此之外，这里还有人形美术馆、池田 20 世纪美术馆、猫之美术馆、绘本美术馆、时钟博物馆、水晶工艺馆、宇宙美术馆……

伊豆高原上的大室山是一座形状如倒扣碗的死火山，从山顶可以眺望伊豆七岛和富士山。每年 2 月，在此举行约有七百年历史的传统烧山活动，场面无比壮观。伊豆高原又被称为"理想乡"，无论长居还是度假，这里都有着太多的美好。

从伊豆北川站往海边走，远远就能望见一个小渔村，和一条 100 多米的温泉街，开着 9 间不同档次的温泉旅馆。海边还有著名的露天公共温泉黑根岩风吕，是名副其实的"零海拔"温泉，岩石、浴池跟海平线齐平，海景无限延伸，十分开阔。

从伊豆北川再往南行不久，又是一个温泉小镇——片濑白田，东野圭吾的《盛夏的方程式》在拍电影的时候曾在这一带取景。在这里下车的人很少，小站显得安静而孤单。出站不远便是民宿和温泉旅馆白田庄，旁边是碧蓝的大海，虽然没有沙滩，但游泳是没有问题的，孩子们都玩得很开心。

下田是伊豆急行线的终点站，是整个东伊豆少有的可以称得上"城市"的地方，也是《伊豆的舞女》中"我"告别舞女乘船回东京的地方。下田的天空和海色洋溢着南国的气息。每到盛夏，这里的海湾、阳光和沙滩都吸引不少游客前来。从下田站附近的寝姿山上可以俯瞰整个下田港，不远处的白滨海岸，有着整个日本关东最好的白沙滩，是冲浪爱好者的聚集地。

在川端康成写作《我的伊豆》的年代，伊豆急行铁道尚未建成，交通很是不便。那时候走在伊豆的旅途上，随时可以听到马车的笛韵和艺人的歌唱。大半个世纪过去，如今我们可以搭乘火车旅行，在短短两三天的时间内看遍整个伊豆东海岸的旖旎风光。伊豆的景色，那些大海、森林、温泉、浪涛、风声和雾气，当你走下火车在铁道边驻足回望时，就能遇见了。

漫步东京 / 樱花四月天

东京的樱花不同于京都的樱花，因为在东京，樱花是流动的，像背景幕布一般铺天盖地，既不是温室的花朵，也不是庭园的盆景。在这个可称为世界上最大都市之一的最为激动人心的四月里，平日大隐隐于市的人类，要见证整个城市大隐隐于樱花的神奇景象。

有了樱花的东京，究竟哪里不一样呢？

在这个用双脚丈量城市已经成为旅行必备新风尚的美好时代里，散步的意义无须解释，只需要执行力。

下面将介绍 7 条赏樱路线，都是按照散步距离归纳而来的。每一条都以樱花为主线，囊括沿途的一些著名景点与建筑，各具风情。

1. 北之丸千鸟线：千鸟之渊—北之丸公园—皇居东御苑（半天）

自九段出地铁站踏上地面，不用任何地图导航，几乎可以被人潮裹挟着往樱花的方向走。左岸是著名的千鸟之渊，樱花蔓生出来覆满堤岸，粉色的狂欢与鲜红的历史交织于此。岛国信奉樱花般陨落的人生哲学，此刻亲眼见证。这是东京核心地区赏樱最为紧凑的一条散步线。

千鸟之渊——运气好的时候，可以在樱吹雪之际看到千鸟渊覆满粉色花瓣的河流，平日里的亮点是有些复古气息的划桨游船，代价是要排上一条不短的队伍等待。如果只为愉兴，不妨沿河散步。景色好的路段会感到摩肩接踵，摄影人"长枪短炮"对准河中心悠然的小船。东京人对千鸟渊的热爱之情可见一斑。

北之丸公园——又名"武道馆"，是东京城中心最热闹的野餐场所之一。一眼望去樱花树下畅饮的人群围拢在各色野餐布上，满坑满谷。在这里可以随处见到猫猫狗狗和小朋友互动的温馨场面。游园会的装饰与吉祥物也不可或缺。公园中央有供应食品的场所，室外可以看见志愿者十分细心地协助市民分类打包野餐垃圾，数量惊人的打包袋整齐排列在一起，亦成一景。

皇居东御苑——皇居东御苑是护城河内皇居免费对外开放的一部分，每周开放 5 天。里面比较有名的景点是江户时期遗留下来的天守遗迹、大手门旁的鱼雕塑以及东御苑中央的广场，非常适合赏樱花。

2. 新宿代代木线: 表参道—竹下通—代代木竞技馆—代代木公园—新宿御苑—东京都厅（一天）

新宿区聚集着东京人气最旺的国民公园，如果想像当地人一样赏樱花，那么新宿御苑和代代木公园都是不可错过的目的地。不要忘记带上席子和便当、零食、美酒、饮料，在春日公园里的樱花树下来一场野餐。

新宿御苑——新宿御苑是东京历史最悠久的公园之一。在被改造成国民公园之前，这里一直作为皇家花园和农场，代表着日本最高的园艺技术。如果要感受漫天遍地的樱花和舒展的大草坪，享受举家出游的和乐气氛，新宿御苑是首选目的地。

现在的新宿御苑分为 5 个部分，分别是日本庭园、英格兰风景式庭园、温室、法兰西式整形庭园和母子森林，共有 75 种不同的樱花。由于每种樱花开花的时间都不一样，所以新宿御苑的花期长达一个多月，远远超过其他公园的 2～3 周，再加上地处整个城市的中心地带，所以也是人潮汹涌。值得注意的是，由于其前身是皇家园林，所以新宿御苑是不可以带含酒精的饮料入园的。

代代木公园——代代木公园是整个东京最大的公园之一，占地 54 万平方米，而且位置极佳，前往新宿、涉谷、原宿和表参道都十分便捷。所以虽然代代木公园的樱花不一定是最出名的，但在这里绝对可以体会到一年一度樱花季的热闹程度。不需要等到黄昏，便可以看到树下喝得醉醺醺载歌载舞的日本人。

代代木竞技馆——内部平时不对外开放，但路过时难免不被那弧线简练而优美的屋顶所吸引。建筑师丹下健三是被日本人永远缅怀与致敬的大师，他的作品集空间之美与结构之美于一体，用质朴的建筑语言传递一分人文关怀。代代木竞技馆是他一生中最重要的作品之一。

表参道——东京著名的奢侈品聚集地表参道，事实上是云集了日本最著名建筑师作品的博物馆。各大品牌在这里最好的广告便是自身独特的建筑设计灵感。建筑也让购物天堂叠加了文化的美感，即便单纯散步游览，也会让快门停不下来。

竹下通——原宿站步行不远一个转角便进入竹下通，本身是一条很窄的步行街，这里是原宿系的天下，满街都是夸张的女仆装和可爱的可丽饼店。

东京都厅——位于新宿站不远的市政大楼，双塔的造型十分伟岸。不过更重要的是，这里的观景台免费开放，不需要花钱即可眺望整个东京都：明治神宫、东京铁塔、天空树、小巨蛋甚至远处的富士山，都可以尽收眼底。

3. 涉谷目黑线：涉谷—Hachi 八公像—目黑川（2～3 小时）

这条路线是文艺青年一定不能错过的浪漫樱花散步线。无论日间景色还是夜樱，上镜指数都爆表。对年轻人来说，如果整个东京只能推荐一个樱花地，那无疑是中目黑。

目黑川——这里不是一个封闭的景点，而是城市中一条浅浅的水道。沿路两侧的樱花探至水上，几乎封闭了天空。有风吹过时，樱花片片飘下，花瓣就聚在水中缓慢地漂流下去。中目黑一段樱花景色绝佳，而沿河两侧的步道边则有着东京最时尚、最精致的文创小店与咖啡馆。樱花季一到，两岸观景绝佳的位子永远是预订一空。如果时间充裕，可以花上一个下午在目黑川散步、闲逛小店、喝咖啡、发呆。等黄昏降临，沿岸摊贩纷纷烤上冒着香气的食物时，边走边一家家吃过去，待粉色、白色相间的樱花灯点亮，再欣赏一场东京第一名的夜樱，无疑是樱花季特享的一种温柔。

摄影圣地——爱好拍摄的朋友不能错过，高架的电铁、落樱、颜色鲜艳的桥、散步的狗狗，那些每一家都能登上杂志的漂亮店面，拥有一切经典的日本元素。

八公像——电影《忠犬八公的故事》当年赚取了无数人的眼泪，因为它取材于一个真实的故事，没有什么比意外的离别和终生不渝的守候更让人动容的了。于是热爱八公的东京人在它生前等待主人的涉谷给这只忠诚的狗狗设立了纪念像。搭地铁到达涉谷可以看到专门的"**ハチ**公口出（八公口出）"，路过这里时不妨出站看望一下八公，而排队与狗狗合影的人更是络绎不绝。

4. 三鹰井之头线：吉祥寺—井之头恩赐公园—吉卜力三鹰之森吉卜力美术馆（一天）

如果你想暂时离开喧闹的都市和林立的高楼，回归郊野田园，在大自然里看樱花，那么作为日本樱花 100 名景之首的井之头恩赐公园一定是你的不二选择。而很多动漫迷常常特意跋涉前来朝圣的三鹰之森吉卜力美术馆恰好毗邻于此，在樱花季可两者兼顾，组成一条超值的散步线。

吉祥寺站——虽说从新宿搭中央本线到井之头恩赐公园只需 15 分钟，但在这里已经看不到东京的繁华以及任何高楼大厦。吉祥寺站位于武藏野市和三鹰市的交界处，下车穿过美食聚集的站前小街，步行三五分钟便能走到井之头恩赐公园的入口。

井之头恩赐公园——井之头的标志是公园里狭长的内湖井之头池，和三宝寺池、善福寺池并称为"武藏野三池"。井之头池是江户时期修建的人工河神田上水的主要水源，因此得名"井之头"。作为整个恩赐公园的中心，井之头池的湖岸狭长，并且在中心一分为二，呈独特的丫形。

内湖的两岸种满了樱花树，湖中贯穿两岸的木桥便成了赏樱的最佳地点。垂到湖中的樱花木与千鸟之渊神似，而处在郊外的井之头更多了一分恬静。内湖中萌萌的鸭子船也成了公园的标志风景线，备受亲子游和童年回忆寻找者们的喜爱。

雨中鸭子船——连绵春雨通常是樱花季的大忌，但是在井之头一切又可以重新定义。蒙蒙细雨中，乘着有顶棚的鸭子船在游人稀少的湖上漫游，不失为在熙攘的樱花季的一种独特的安静享受。

三鹰之森吉卜力美术馆——这是每一个宫崎骏迷都应该来"朝圣"的地方。穿过井之头恩赐公园和参天古树密布的井之头自然文化园，便可以找到这个藏在森林一角的城堡。

5. 滨离宫筑地线：中银舱体大厦—汐留宫崎骏大钟—滨离宫恩赐公园—筑地市场（半天）

此路线是东京湾附近最有复古情怀和人文气息的一条路线，这些城市中心的市场和大楼可能都要搬走或者拆掉了。想要安静地欣赏樱花之余一饱口福，那么滨离宫筑地线绝对不容错过。

滨离宫——东京最有腔调的日式庭院之一，可以感受到江户时期的造园风采。初建时是德川幕府的狩猎场，而后一直作为皇家离宫，在二战之后对外开放，是日本重要的历史文化遗产。滨离宫隐匿于繁华的银座背后，两者只有 10 分钟的步行距离，庭院以外可以看到林立的写字楼，而身处其中却独有一份闹中取静之感。通常这里的游人较少，面积并不大的庭院通过步道的设置，沿湖移步异景，可令人领略开阔意境，湖心茶室可以体验茶道与点心。初春赏樱之余，其他各季也皆可领略不同的风情。

筑地海鲜市场——距离滨离宫只有数百米，几乎在一街之隔的地方就能品味到整个东京甚至是全世界最新鲜的海产刺身和寿司。作为世界最大的鱼市场之一，日产 2000 吨的筑地内市场每天只接待 150 名游客，所以如果想要参观吞拿鱼拍卖的盛况，就得在凌晨五点前赶到排队。不过如果只是为了一饱口福，外市场和餐厅区域则是 24 小时欢迎游客的，这里有著名的大和寿司和寿司大两间性价比极高的人气寿司店，每人 3000 日元便可以品尝到丰盛的寿司大餐。由于店铺面积都很小，在这里排队一小时是家常便饭， 排队途中往往可以看到各地华人操着各种口音的中文共襄盛举的画面。

中银舱体大厦——距离滨离宫不远的高架桥下，或许你会发现一栋像积木一样并不高大的奇怪建筑。这便是 1972 年建成的舱体大楼（Capsule Tower），由日本著名的新陈代谢派代表人物黑川纪章设计建造，我们可以把它理解为战后日本建筑师对于未来城市居住模式的一种探索。这栋如胶囊一般的住宅近年来不断接到即将被拆除的通告。如果路过寸土寸金的银座，不妨找寻一下它那孤独的不属于过去、现在与未来的身影。

日本电视大厦和宫崎骏大钟——走出汐留站便是日本电视大厦，在楼前的广场上可以看到宫崎骏亲自设计的大钟，在固定时间会有报时表演。大钟下面是日本电视台的商店汐留店（Nitteleya），里面可以买到在日本电视台连载 40 年的传奇动画片《面包超人》的周边纪念品。

6. 上野后乐园线：上野恩赐公园—不忍池—木曾路 / 伊豆荣—小石川后乐园 （一天）

无须过多介绍，上野或许算得上东京最著名的赏樱公园了。交通便利而又聚美景、美食于一处，自然成为无数游客和东京土著们聚会赏花的不二选择。大热的上野搭配有腔有调的小石川后乐园，这条线路绝对值得推荐。

上野恩赐公园——要说上野的第一印象，东京人一定会告诉你是熊猫，1972 年作为中日关系正常化象征的大熊猫玲玲就曾生活在上野公园，至今仍是上野的吉祥物（虽然我相信大家不会到东京来看熊猫）。公园分为南北两块，北区街道两旁的草坪适合野餐、赏花，也可以顺便游览各种博物馆和美术馆；南区是巨大的不忍池，也是上野公园前身东叡山宽永寺圆顿院的遗迹，四周开满樱花。值得一提的是，不忍池在夏季也是赏荷花的著名场所。

小石川后乐园——得名于范仲淹的名句"后天下之乐而乐"，由明朝遗臣朱舜水辅佐水户德川家兴建而成，曾长期作为水户藩主的私人庭园。园如其名，当中造景亦有浓重的中国元素。每逢樱花季，这里都能获得别具一格的樱花、园景双重韵律的享受。

7. 日本桥丸之内线: 日本桥—日本桥二丁目—丸之内—银座（半天）

日本桥常被称为"东京的起点"，连接着皇宫、东京站、银座、秋叶原和上野。逛完各大公园和赏樱名所，在日本桥精致的街道上散步，欣赏道路两旁与城市融为一体的樱花树，不失为一种独特的赏樱体验。

日本桥——早在江户时期，日本桥就已经成为东京乃至全日本最繁华的商业中心。大名鼎鼎的三井家族的先辈们，三百年前便在日本桥的两侧开起了第一家杂货铺和兑换店，如今在同一个地方，这两家店铺已经摇身变成了三越百货和三井住友银行。

作为商业中心和购物天堂，日本桥并不像新宿或涩谷那般喧嚣，也许是因为三越、高岛屋、丸之内和银座这些地方的消费水准直接限制了人流。而在日本桥二丁目附近的小街道上便更安静了，只有饮食店和居酒屋可以见到行人出入。每年四月，街道两旁的樱花都会盛开，偶尔会有路人停下来拍照，更多时候大家只是悠然地在树下走过，仿佛如此美景早就已经成了他们日常生活的组成部分。

丸之内——从日本桥出发，顺着中央通往北便可以直通秋叶原和上野公园；向西步行数百米便是丸之内——东京最昂贵的商业办公区域，在这里有精致的临街餐厅、咖啡馆、艺术馆、博物馆，以及设计师品牌店。

银座——从日本桥向南便是更加繁华的银座，一个在大家印象里代表着大都市纸醉金迷的典型。其实银座远没有人们想象得那么奢华，倒是聚集了许多经历了数代传承的百年老店。每到周末，银座附近的路段都会竖起"起步行者天国"的牌子，只供行人行走而禁止机动车入内。

木村家——银座地铁站的十字路口有一家著名的面包店，创立至今已经有一百五十年的历史，据说这里自创的红豆饼获得过日本天皇的青睐，而樱花季会特别推出限定的樱花红豆饼。

现在，走完 7 条路线的你，是否感受到了东京樱花的美丽？

图书在版编目（CIP）数据

建筑之旅：漫步日本 / 库马猫著. —— 南京：江苏
凤凰科学技术出版社，2020.1
  ISBN 978-7-5713-0607-6

  Ⅰ．①建… Ⅱ．①库… Ⅲ．①建筑艺术－研究－日本
Ⅳ．①TU-863.13

  中国版本图书馆CIP数据核字(2019)第225536号

建筑之旅：漫步日本

著　　　者	库马猫
项 目 策 划	凤凰空间/徐　磊
责 任 编 辑	刘屹立　赵　研
特 约 编 辑	徐　磊

出 版 发 行	江苏凤凰科学技术出版社
出版社地址	南京市湖南路1号A楼，邮编：210009
出版社网址	http://www.pspress.cn
总 经 销	天津凤凰空间文化传媒有限公司
总经销网址	http://www.ifengspace.cn
印　　　刷	北京博海升彩色印刷有限公司

开　　　本	710 mm×1 000 mm　1/16
印　　　张	9
版　　　次	2020年1月第1版
印　　　次	2023年3月第2次印刷

标 准 书 号	ISBN 978-7-5713-0607-6
定　　　价	59.80元

图书如有印装质量问题，可随时向销售部调换（电话：022-87893668）。